动物园从何而来
世界动物园的历史
　　起源 /8
　　笼养时代 /14
　　现代动物园 /14
普通动物运输带

动物园的分类与功用
　动物园的类别 /20
　　分类动物园 /21
　　综合性动物园 /21
　　动植物园 /21
　中国动物园的分类 /22
　　三大动物园 /22
　　大型动物园 /22
　　一般动物园 /22
　　公园动物园 /23
　　动物展区 /23
　森林公园、野生动物园、城市动物园的区别 /24
　　森林公园 /24
　　野生动物园 /25
　　城市动物园 /25
　公园与动物园 /26
　水族馆简介 /27

动物园的功能 /28
动物的研究与繁殖 /28
宣传教育功能 /29
野生动物异地保护基地功能 /30
提供休闲娱乐场所功能 /31

动物园之"王" /32
世界上第一个动物园 /34
世界上最大的野生动物园 /35
世界上第一个夜间野生动物园 /36
世界上最古老的动物园 /38
世界上第一个大型海洋水族馆 /39
中国六大顶级海底世界 /40
 上海海洋水族馆 /40
 青岛极地海洋世界 /40
 香港海洋公园 /41
 西安曲江海洋世界 /41
 大连圣亚海洋世界 /41
 大连老虎滩极地海洋馆 /42
世界上最大的水族馆 /43
世界上最大的水族馆酒店 /46

目录

著名动物园探趣 / 50
    圣地亚奇动物园 / 50
    伦敦动物园 / 54
    柏林动物园 / 56
    新加坡动物园 / 58
    迪拜：水族馆与水下动物园 / 60
    多伦多动物园 / 61
    伯利兹动物园 / 62
    龙柏考拉野生动物园 / 64

中国三大动物园介绍 / 66
    北京动物园 / 66
        主要馆舍 / 69
    上海动物园 / 76
        主要景区 / 76
    广州动物园 / 90
        景点和项目 / 91
        园内环境 / 99
        动物展区 / 94
        布局分区 / 95
        园内景点 / 98

动物园里的"小秘密" / 100
    动物园里的动物如何过冬
    动物园里的动物会做梦吗

近亲繁殖曾致物种全部死亡　/ 104
当动物园地震时　/ 105
动物园如何搬家　/ 107
　　夜间 搬家防动物中暑　/ 107
　　"听话"的动物先搬新居　/ 107
　　"情敌"和"仇敌"不同车　/ 108
斑马为什么把长颈鹿当成好朋友　/ 110
野山羊和火鸡的友谊　/ 111
动物的尾巴　/ 112
河马是怎么睡觉的　/ 113
为什么动物园里的天鹅不会飞掉　/ 114
动物的死亡　/ 115
　　"漂浮"野生动物园　/ 116

为游园做准备　/ 118
动物园游览需注意　/ 118
动物园设计应该注意哪些问题　/ 120
动物园的安全须知　/ 121
爱动物就别随便喂食　/ 122
　　人兽殊途　喜哄哥王　/ 122
如何在动物园里拍好动物　/ 124
　　拍摄行走的动物　/ 124
　　拍摄水族馆里的海豚　/ 125
　　拍摄玻璃笼里的动物　/ 125

目录

● 动物园从何而来

动物园是我们每个人童年回忆的一部分,那里有各种各样的动物,可是看动物之余,你有没有想过动物园的来历?动物园的功能?动物园里的小秘密?现在,就让我们一起再次走进动物园,去探索那里的乐趣吧!

我和它的动物园

世界动物园的历史

• 起源

据《诗经·大雅》记载，中国早在周文王时已在鄗京（现陕西西安沣水西岸）兴建灵台、灵沼，自然放养各种鸟、兽、虫、鱼，并在台上观天象、奏乐。这是世界上最早由人工兴建的自然动物园。此后的封建帝王也多建有不同规模的苑囿，选择山丘茂林或水草丛生之地，设专人管理，放养禽兽，供戏乐狩猎。秦汉后，多在种植花木的苑囿中放养或设笼舍圈养动物，以供玩赏。

最初的动物园雏形起源于古代国王、皇帝和王公贵族们的一种嗜好，从各地收集来的珍禽异兽圈在皇宫里供其玩赏，像黄金、珠宝一样，是他们这些人财富和地位的象征，当时的动物园和普通百姓一点关系都没有。一开始，这种收集行为比较随意，碰上什么就抓什么，后来渐渐地对动物有了一些了解，才开始有一些计划性和组织性。不过那时的动物都关在笼子里，并不考虑它们舒不舒服，只考虑如何让参观者看得更清楚一些。公元前2300年前的一块石匾上就有对当时在美索不达米亚南部苏美尔的重要城市乌尔收集珍稀动物的描述，这可能是人类有记载的最早动物采集行为。

另据记载，大约在公元前1500年，埃及法老苏谟士三世也有自己的动物收藏。他的继母，女王哈兹赫普撒特还派了一支远征队到处收集野生动物，远征队的5艘大船运回了许多珍禽异兽，包括

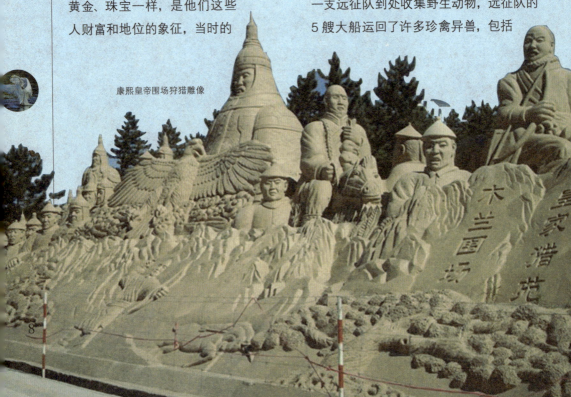

康熙皇帝围场狩猎雕像

古罗马斗兽场

猴子、猎豹和长颈鹿,还有许多当时人们还不知道怎么称呼的动物。公元前1100年,亚述王提革拉毗列色也收藏了大量的野生动物。中国周朝的周文王还把收集来的动物放在园中命手下人进行研究。那时的动物收藏虽然是统治者权势的象征,但在动物的收集和饲养过程中,人们也开始逐渐了解动物和自然,并积累驯化动物的知识。

就像奥斯卡获奖影片《角斗士》中描述的那样,古罗马的统治者喜欢在斗兽场欣赏狮、虎、熊互斗,或者让它们和人相斗。那时已有一些猛兽能在圈养条件下繁殖了,所以除了在世界各地捕来的动物外,还有一部分人工繁殖的猛兽被投入到那些血腥的搏杀中。

古罗马诗人和学者瓦罗允许客人到他的鸟园中去抓他们相中的鸟,然后一起烹食。古罗马的暴君皇帝尼禄养了一只名叫"月神"的母虎,和他一起进餐时,如果谁惹暴君不高兴,那倒霉蛋就会被扔给"月神"让它开开胃。

并不是所有的收藏者都不关心动物的福利。几乎征服了当时整个世界的马其顿的统治者亚历山大大帝,他的军队从被征服的世界各地给他带回来大象、雄、猴子等各种各样的动物,虽然大帝十分严厉,但据说对他圈养的动物却非常体贴。后来亚历山大大帝把他的动物园传给了埃及国王 Ptolemy 一世,Ptolemy 建立了历史上

我和它的动物园

第一座有规划性的动物园。古希腊著名的哲学家，亚历山大大帝的老师亚里士多德，就在那里观察、研究过动物，并写了一本关于动物学的百科全书，名叫《动物的历史》，书中描述了300多种脊椎动物。亚里士多德也许是世界上第一个研究动物行为学的人，不过他所做的一切只是因为好奇。

随着罗马帝国的灭亡，人类历史进入了文明较为昌盛的中世纪，这一时期由于教堂的普及和贸易的发展，新的城市不断建立，此时的人们对艺术、教育和自然非常重视，而对搜集动物似乎不是特别感兴趣。

直到13世纪，动物收藏又开始成为时尚，人们趋之若鹜，王公贵族们又开始把动物当成礼品互相交换。集西西里国王和圣罗马帝国皇帝于一身的福兰德里克二世，一个热衷支持艺术和科学的统治者，收藏了多种动物，包括鬣狗和长颈鹿。他统治的城市中，有三座城市有动物收藏，许多动物被用于科学研究。福兰德里克拿他的长颈鹿去和埃及的苏丹交换北极熊。想想看在13世纪的海面上，乘一只小木船，颠簸几千里地，天知道那北极熊要受多大的罪。福兰德里克还训练猎豹用来打

亚历山大大帝雕像

把熊放在坑中饲养

猎。福兰德里克走到哪儿就把它的动物带到哪儿，就连他去德国的沃玛结婚也不例外，带着大象、骆驼、猴子和猎豹，婚礼上它们还身着华丽的礼服，人模人样的。

直到 18 世纪，动物一直都是上流社会的玩物，但随着贵族们在世界各地不同地区权势的消退，动物收藏逐渐大众化，这种把搜集来的动物进行展览的行为被称为"Menageries"，意为关在笼子里的动物展览，这一词正式出现于 1712 年，我们姑且翻译为"笼养动物园"。这种形式比起那些毫无章法地随意性动物收集更具有组织性。

• 笼养时代（Menageries）

笼养动物园，其目的仅仅是满足人们的好奇心。笼子的设计根本不考虑动物的健康，只考虑怎样让参观者看得更近、更清楚一些，笼子里除了铁栏杆，什么设施都没有，动物连藏身之处都没有，或者把动物放到一个下陷式的大坑中供人参观，就像今天中国许多动物园展览黑熊的地方一样。在当时这就是最好的解决办法。

英国历史上的征服者威廉姆的四儿子亨利一世曾大量搜集动物，他的孙子亨利三世继承王位后，他把皇家的居住地搬到了伦敦塔，继续遵循祖父的传统，建立了"皇家动物园"，把许多特制的笼子摆到伦敦塔外面供其他贵族们参观。公园 1254 年，亨利收到路易九世送给他的礼物——一头大象，这是大象第一次来到英格兰。为这头大象建造的笼子，大小仅仅能容下大象的庞大身躯。英国收藏的动物，有时也像古罗马一样，进行激烈的斗兽表演，像什么狮虎斗、熊狗斗等，供来访的皇家贵客欣赏。那时的王公贵族们

我和它的动物园

大权独揽,老百姓毫无权利可言,他们不但不准参观动物园,而且还要为饲养这些动物而纳税,真够黑的。据传说,当北极熊的食物不够吃的时候,饲养员就把大熊领到泰晤士河边让它自己抓鱼吃。1445年,亨利六世娶法国西部一个州的小女子玛格丽特为王后,他送给王后的结婚礼物就是一头狮子。王后非常满意并决定扩建伦敦塔动物园,又增添了许多种动物。皇家动物园盛极一时,繁荣了好几个世纪。

在15世纪末意大利的佛罗伦萨,也有一个著名的大型笼养动物园。这时正是文艺复兴时期,动物被视为美丽和高贵的象征,狼和狮的图像经常出现在家族的徽章上面。动物园里的动物被画家们当作模特儿进行艺术创作,它们的形象展现于许多杰出的艺术作品之中。达·芬奇也养了一些动物做模特儿之用。德国和奥地利也有笼养动物园存在,在马德堡就有一个海洋动物园,饲养海豹和海象,而且还有现在已经灭绝的欧洲野牛。

最好的笼养动物园是由印度莫卧王朝的皇帝阿克巴儿(1542—1605)建立的,到他死时,他拥有5000只大象和1000只骆驼。他禁止动物之间打斗,很得意那些动物能庇护在他身边,他的动物园向他的臣民们开放。阿克巴儿皇帝对动物的态度是个例外,而其他统治者可没有他这么仁慈,他们需要的是去征服所有的生命,而不是去欣赏他们,一个典型的残暴例子

阿克巴儿皇帝与他的动物

就发生在欧洲人越过大西洋,发现美洲新大陆之时。1521年,西班牙人考特斯来到中美洲墨西哥的阿兹台克(不懂历史没关系,电脑游戏《帝国时代Ⅱ:征服者》讲的就是这一段),当他来到他们的首都特诺奇蒂特兰(今墨西哥城),他和他的士兵们发现他们来到了一个奇异的世界,城市里道路两旁是漂亮的鸟棚,鸟儿在里面唱着动听的歌,阿兹台克的国王蒙提祖马有着引人入胜的动物收藏,遍布特诺奇蒂特兰城中:美洲豹和美洲狮徘徊在青铜做

的围栏中，鱼儿在深深的大铜碗中嬉戏，笼子里养着狰狳、猴子和爬行动物，都有人精心照顾着。不过考特斯可不是来这里学习的，他是来征服的，那城市，那里的人民，还有动物，都统统被他毁灭了。

在过去的欧洲大陆，特别是在俄国、波兰和瑞典，饲养熊被视为代表它们的主人不可一世的象征。俄国的伊凡大帝就把熊养在他的城堡中，用这种方式来对付那些想过于接近他的敌人们。

几代法国国王也有建动物园收养动物的传统，路易十四在他的所有城堡和行宫都建有动物园，动物笼舍遍布全国各地皇家的领地。并且在凡尔赛宫，路易还对动物笼舍进行了改造，他把动物成群地饲养在一个大围栏中，还在四周画上花儿和鸟儿的背景。

在奥地利的维也纳，圣罗马帝国的皇帝弗兰希斯一世在1757年送给他的妻子，皇后玛丽娅·特利萨一座动物园作为礼物，动物园当时就在今天维也纳市区西南世界文化遗产谢布鲁恩宫（Schonbrunn Palace），是特利萨的避暑离宫。"谢布鲁恩"意思为美丽的清泉，因这里有股巨大的泉水，故又名"美泉宫"。所以动物园被命名为"美泉宫动物园"。据说玛丽娅最喜欢做的事就是在大象、骆驼和斑马群中进餐。

到了18世纪90年代，情况发生了很大变化，人民开始起来从贵族们手里夺取政权，他们要求的权利中的一项就是有权参观动物园。在法国大革命中，愤怒的群众冲入凡尔赛宫的动物园，当时路易十六的王后玛丽·安托妮的夏宫，小一点的动物当即被放掉，大一点的有些被占领者吃掉，有一些跑入附近的森林中。不过对于像犀牛、狮子等大型动物，他们觉得最好

维也纳谢布鲁恩宫的建筑

我和它的动物园

还是留在那里让原来的饲养员继续照顾它们。国王、贵族们被打倒了,他们的土地和财产被重新分配,各地动物园的动物也被集中到一起,统一安置到巴黎的一个植物园中。1793年,凡尔赛宫中的动物也被送到这个植物园中,因为法国人觉得它们有科学价值,应该保留下来进行科学研究,探索大自然的奥秘。至此现代动物园的概念开始萌芽。

同时在隔海相望的英国,老百姓也被允许参观伦敦塔的皇家动物园,不过他们要付几便士的门票,或者带些猫、狗给那些大型猫科动物和熊当食物。

• 现代动物园(Zoological Gardens)

19世纪初,经济的发展带动城市的扩张,人们开始考虑建设公园、保留绿地以满足休闲娱乐之需。由于对保护自然的关注和渴望对野生动植物进行深入了解,动物和植物被一起"ZOO",源于古希腊语的"ZOION"意为"有生命东西",进而发展成"ZOOLOGY",意思是研究有生命的东西(动物)的学问。所以目前国外众多动物园的全称是"XXXX Zoological Park"或者"XXXX Zoological Garden"中文字面含义就是"研究动物的公园"。值得注意的是有了科学研究的功能,这和"笼养动物园"的"Menageries"仅有单纯的娱

凡尔赛宫

早期的公共动物园

乐功能是不一样的,这是动物园发展史上一次质的飞跃。

在英国的维多利亚时代,对动物和自然科学的研究气氛非常浓厚,那时也正是英国著名的自然科学家达尔文发表自然选择和进化论的年代。在这一背景下,伦敦动物园协会诞生了,协会筹款、筹物、寻找地皮、招募员工,终于在1828年,在伦敦的摄政公园,成立了人类历史上第一家现代动物园——"摄政动物园（Regent's Park Zoo）"。当时成立该动物园提出的宗旨是:在人工饲养条件下研究这些动物以便更好地了解它们在野外的相关物种。日不落帝国不列颠企图了解他们大英帝国四处扩张的殖民地版图上的每一种野生动物,自然博物馆、植物园和动物园成为当时文化的重要组成部分。伦敦摄政动物园成为那些即将在英国其他地方、欧洲以及美国建立的动物园的典范,开创了动物园史上的新纪元。

整个19世纪,从英格兰到整个欧洲大陆,动物园不断普及,不过当时的城市却是灰头土脸、脏兮兮的,所以动物园对于城市居民来说,是一块难得的绿地和休闲娱乐的好去处。动物园成为人们生活中的一部分,成了文化中的一部分,当时的歌曲里也开始有动物园的内容,很可能就是因为一首名为"Walking in the Zoo Is an Okay Thing to Do（走在动物园里是一件惬意的事）"中第一次使用了简写的"Zoo"代替"Zoological",一个新词就这样诞生了。在牛津英语词典中注明:Zoo（动物园）于1874年被正式使用。这时动物园动物的排放次序和目前大多数中国动物园的情形一样,是按动物分类的方法进行的。动物收藏、笼养动物园、动物园都是指在人工条件下饲养动物,不过却反映出这一事件在人类文化历史上几千年来,在世界各地的变迁。今天的动物园仍然在发展变化,以期满足我们这个不堪重负的星球的严厉要求。由于公众环境和野生动物保护意识的不断加强,未来的动物园必然会发展成自然保护的先锋,那时它的名字会变为"自然保护中心"。

我和它的动物园

美国动物园萌芽

18世纪后期,大批欧洲移民来到美洲大陆的东海岸定居,那时的西部仍是一片荒芜的处女地,拓荒者们带着无限的憧憬开始向西部进发,西部的一切包括那里的动物对他们都充满了神秘的诱惑力。在当时活跃着一种重要商业活动:巡回展出,在穿城越镇的展出中,商人们向沿途的居民们展示狗皮膏药等各种有用和无用的物件,其中就有大家都非常感兴趣的关在笼子的动物,当然要花钱才能看到它们。这种类似马戏团的巡回动物园走街串镇,就连只有几千人口的小镇也停下来表演。这种展览在欧洲一直很流行,所以很快就遍及美国各地。

在纽约、费城、波士顿这些新矗立起来的美国城市里,居民们已经摆脱了刚来时的谋生困境,安顿下来开始享受生活。开始建造音乐厅、电影院和博物馆,新鲜的东西像化石、矿石和动植物标本被摆到自然或博物馆里供人欣赏。早期美国的巡回马戏团或动物园大都雷同,商人们把熊和鹰等动物关在笼子里,在乡镇间穿梭,供人娱乐。当一个地方定居的人口多起来时,动物园就固定下来,不再四处游荡。早期的动物园不需要从海外引进动物,北美当地的动物就够大家新鲜的。

18世纪初的三个因素促使动物园成

类似马戏团的巡回动物园

栩栩如生的动物标本

为北美人生活的一部分,一是城市的发展带来了大量好奇的观众;二是去欧洲、南美洲、非洲和东方的交通已经不再困难,也很平常;三是这种便利的交通更容易把活着的动物带回来。

到其他大陆特别是非洲去狩猎大型动物,把带回的战利品挂到墙上,把制好的标本卖给博物馆,把活动物卖给动物园、马戏团或私人收藏家,这神话般的一切对北美的年轻人简直太有诱惑力了。各大博物馆的管理员和科学家也相继组成远征队前往世界各地去收集标本。其中最著名的探险家和猎人是后来成为美国第26任总统的泰德·罗斯福,他的任务是尽可能搜集各种珍稀动物,他搜集的动物有一些被卖到了马戏团和动物园,另有许多填充标本被摆到了自然博物馆里。罗斯福的两个儿子也是猎手,是最早到中国猎杀大熊猫的外国人。

捕捉野生动物是一项非常危险的工

17

我和它的动物园

作，不过有许多人非常热爱这项工作，当然也因为有高额的报酬。但对动物而言，被捕捉和被运输却是一种折磨，许多动物死于营养不良、过度紧张，或因年幼和孤寂导致死亡。尽管靠积累经验和好运气人们确实带回了许多动物，不虚此行，但动物们却从此要在笼中度过余生，无论生命长或短。那些死掉的动物很容易被替换，当时似乎动物的供应永无止境一般。结果是公众满足了他们的好奇心，科学家完成了他们的研究兴趣和探险历程，商人们赚到了钱，动物园的动物笼子一排排地排列着，每个笼子里单独关着一只只各不相同的物种，就像集邮一样，你别说，当时这种动物园的确有个绰号叫"邮票收藏"。

1861年至1865年的美国内战，转移了人们的注意力，战后经济复苏，城市的发展更加迅猛，也促进了动物园的发展。纽约在内战之前，就已成为美国鲜有的几个大城市之一，它的动物园出现于1781年，是个私立动物园，据1879年的记载，当时饲养的动物有老虎、黄猩猩、树懒、狒狒、水牛、鳄鱼、蜥蜴和蛇。

从1861年起，在纽约第五大道和六十四街附近，也就是现在中央野生动物公园的地方，又出现了一个动物收藏地点，刚开始时，那儿和上面提到的动物园一样，乱糟糟的，只是一些人们捐赠来的动物，一只黑熊、两头奶牛、弗吉尼亚鹿、猴子、浣熊、狐狸、负鼠、鸭子、天鹅、鹈鹕以及鹦鹉供人参观。它们都是那些私人收藏家和巡回演出团想遗弃的动物。还有一些动物当时饲养在今天野生动物保护协会和纽约公园管理处阿森纳大街办公大楼的地下室里，其他动物也都在阿森纳大街附近。在开始的50年里，中央动物园绝对属于笼养动物园那类，

1886年纽约阿森纳的中央动物园

到处是狭小的、布满铁栏杆的笼子,以现在的眼光看实在很吓人。后来又经过10年,它才逐渐演变成一个相当不错的城市动物园,即今天的中央公园野生动物保护中心。

在19世纪末,纽约的动物园无论是对那些第五大道上富有的淘金者还是那些渴望忙里偷闲的工薪阶层,都是一个娱乐的好去处。对于那些住在东区阴暗、拥挤的出租房屋里的新移民们,花几分钱坐电车或溜达到阳光明媚的动物园也是一种享受。1868年,中央公园动物园送给芝加哥的林肯公园一对天鹅,后来林肯公园又陆续得到了不少动物礼物,到了1873年,林肯公园已存栏兽类27只,鸟类48只。这两个公园就是美国最早的笼养动物园,今天已成为受人尊敬的现代动物园。

现代动物园之父

卡尔·哈根贝克(Karl Hagenbeck, 1844—1913年),德国驯兽师及马戏团负责人。哈根贝克是一位动物商人的儿子,1866年他继承父业。19世纪晚期,哈根贝克带着他搜罗的野生动物在欧洲巡回展出。他的剧团参加了1904年在圣路易斯举办的世界博览会,后来成为华莱士和哈根贝克马戏团的组成部分。1907年,他在德国汉堡附近创建哈根贝克动物园,是第一个使用无栅栏、有壕沟的场地来展示动物的动物园。哈根贝克还创办了与真物一般大小的史前动物展览。他也因此被称为"现代动物园之父"。

卡尔·哈根贝克开了一家自己的自然景观动物园

狮子和草食动物在一起展出

动物园的分类与功用

动物园的类别

世界动物园，按其从属性质有一半以上属于国家或地方政府，部分属于各地动物学会，少数属企业或私人。按其内容性质则可分成下述类型。

- 专类动物园

　　即专门展出某一类动物的动物园。如单独设立的水族馆，一般专养鱼、虾、蟹、贝等水生动物，但也有兼养两栖动物和以海兽表演为主的。美国、德国、澳大利亚等都有展览爬行动物的专类动物园。泰国北榄的鳄湖以专门养鳄2万多条而著称于世，除展览外还提供皮革原料。此外，还有德国和新加坡的鸟园等类型。

- 综合性动物园

　　除有展养多种动物和专门为儿童游玩的动物园外，还有富于地理特色的动物园，如美国加利福尼亚和亚利桑那州的沙漠动物园，佛罗里达州展养部分动物的沼泽公园等。

- 动植物园

　　动植物园是一种新型的城市教育文化设施。如在荷兰的鹿特丹、日本的长崎、扎伊尔的金沙萨、法国的杜瓦里等地，都有动植物园。

我和它的动物园

中国动物园的分类

动物园，即城市动物园，按照规模大小主要分为：

• **三大动物园**

北京动物园、上海动物园、广州动物园，是中国最大、最好、最早的三个动物园。

• **大型动物园**

在省会城市或直辖市，每个动物园都有 150—200 种的动物，有大量珍稀动物。如成都动物园、天津动物园、济南动物园等。

• **一般动物园**

即中型动物园，在少数省会动物园和一些地级市，动物种类在 100 种左右。如保定动物园、青岛动物园、苏州动物园等城市动物园在本地市民的心中有着举足轻重的地位，给市民们留下了美好回忆。因大多数是公益性质的事业单位，门票价格相对较低。位于市区，交通方便（也有部分新建动物园位于郊区）。目前，大多数城市动物园发展情况不太乐观。

体制皆有存在。"园中园"多数属于小型动物园，但也有一些达到了中型动物园的规模。如银川中山公园、厦门中山公园、烟台南山公园、抚顺劳动公园等都附设动物园。

- 公园动物园

即"公园动物园"，主要存在于部分省会城市和多数中小城市（包括县级市），在公园内未达到一定规模的动物园，在管理上隶属公园管理处，事业、承包和私营

- 动物展区

即在一些公园、旅游景区内圈养部分动物的地方，因没达到一定规模，所以不在"园中园"范围内，是另一个类型。

银川中山公园一角

我和它的动物园

森林公园、野生动物园、城市动物园的区别

• 森林公园

有两个意思：1.在某个山上建的公园，园内树木繁多，有一些游乐设施，也就是植物园和森林乐园相结合，如青岛植物园就是森林公园。2.也就是所谓的"野生动物园"，如青岛森林动物园，名义上是野生动物园，但实际上是建在郊区的山上动物园，不是纯野生动物园，也是树木繁多。总之，森林公园就是树木繁多的公园、风景区或者是保护区。

曼谷野生动物园

- 野生动物园

真正的野生动物园是指没有围墙限制、游客可以和动物们亲密接触、野生环境下的动物园,多数是游客乘车观赏。这种动物园建于郊外。实际上这种动物园不应该独立开来,应是普通动物园的一部分,仅名义上是野生动物园。不过有一些野生动物园,如青岛森林野生动物园,上面提到的并不是都有,没有乘车观赏。这样的动物园称为野生动物园并不是很准确。部分大城市有野生动物园,这种动物园是新兴起且票价贵。

- 城市动物园

建于市区内的动物园,历史较早,园内较陈旧,不过在市内很为人们所熟悉。对于市区的人来说,游览交通方便,不必跑到郊区。价格也比郊区野生动物园便宜,动物种类也并不一定比野生动物园差。几乎每个地级市都有,也有一部分县级市内也有。省会和直辖市的城市动物园都比较出名,动物也多。这种动物园以后很有可能也搬到郊区去,把地空出来做别的。北京动物园、青岛动物园等都想搬出去,但没搬成,而像大连动物园等已经搬迁。

我和它的动物园

公园与动物园

公园是由政府或公共团体建设经营，供公众游玩、观赏、娱乐的园林。有改善城市生态、防火、避难等作用。资本主义初期的欧洲，一些皇家贵族的园林逐渐向公众开放，形成最初的公园。19世纪中叶，欧洲、美国和日本出现经设计、专供公众游览的近代公园。19世纪末—20世纪初，中国各地相继建设公园。中华人民共和国建立后，各城市的公园建设迅速发展，并创造出不同的地方风格。中国城市公园分综合公园（市、区、居住区3级）、专类公园（动物园、植物园、儿童公园等）和花园（专类花园等）3种类型。

动物园是搜集饲养各种动物，进行科学研究和科学普及并供群众观赏游览的场所。园中有饲养各种动物的特殊建筑和展出设施，并按动物进化系统结合自然生态环境规划布局。非营利动物园，尤其是以保育生物学、教育和生物学研究为目标开设的，都是倚赖公共资金来维持。广义上的动物园包括水族馆、野生动物园在内的一切展出饲养动物的场所，狭义上的动物园专指城市动物园。

也就是说，动物园是专类公园的一种。

WOHETADEDONGWUYUAN

水族馆简介

　　水族馆是收集、饲养和展览水生动物的机构。可专养海洋生物或淡水生物，也可兼养；既有供观赏或普及科学知识的公共水族馆，也有供科研及教学专用的水族馆。包括所谓的"海底世界"、"极地海洋世界"也属于水族馆。"水族馆"这一名称也时常用于一些水族类商店。

我和它的动物园

动物园的功能

• 动物的研究与繁殖

动物园是城市绿地系统的一个组成部分，主要饲养展出野生动物，供人观赏，并对广大群众进行动物知识的普及教育，宣传保护野生动物的重要意义，同时进行科研工作。由于养好野生动物，特别是养好引进的外来种族珍稀、濒危动物是一个复杂的课题，进行有关动物饲养管理、疾病防治和繁殖方法的研究，已成为动物园的重要任务。近年来突破原有饲养纪录的有树袋熊、鸭嘴兽、穿山甲、长鼻猴、叉角羚、蜂鸟、棱皮龟和鲨鱼等，突破繁殖纪录的有猎豹、大猩猩、大熊猫、金丝猴、扭角羚、亚洲象、扬子鳄、丹顶鹤、黑颈鹤、眼镜王蛇等。20世纪70年代以来，自然保护和生态平衡的问题日益引起人们重视，动物园在宣传和保护濒危动物的工作中起了重要作用。很多动物园不但千方百计地使难养的动物健康成长，还利用当地自然条件辟建大型天然动物繁殖基地，并常将濒危动物繁殖的后代放回原产地的自然环境，以挽回部分被破坏的生态平衡。此外，动物园也进行人工授精和胚胎移植等冷冻生物学工程方面的试验研究，并已取得初步成果。如中国于1978年首次成功地进行大熊猫人工授精；大猩猩、猩猩、美洲狮的人工繁殖也都已成功。纽约动物

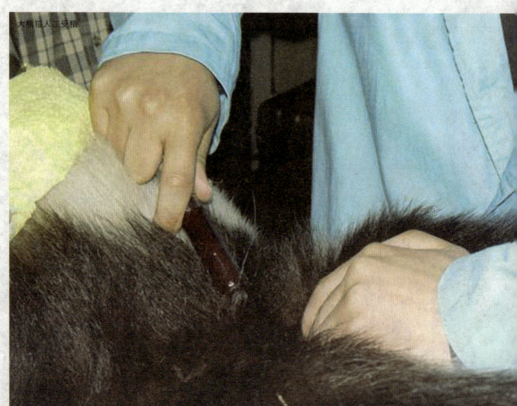

大熊猫人工受精

园和辛辛那提动物园还分别把白肢野牛及非洲大羚羊的胚胎移植到荷兰种奶牛的子宫里并使之孕育成功。

随着信息时代的到来和传统动物学的没落，更多的动物学"研究"工作已经由更专业的人群和机构承担，动物园不可能也没有必要孤立地进行"研究"工作，资源分享和分工协作是动物园科研工作的出路。动物园中的动物资源是属于全社会的，应该充分发挥自身的优势，参与更广泛的全社会的科学研究工作，而在动物园中进行的基础性技术工作，如日常工作的技术革新、先进技术的引进和执行、全员科学素质的提高才是我们开展"合作研究"工作的基础；同时科学性在日常工作中的强化也是动物园实现其他功能的基础。

• **宣传教育功能**

保护教育是现代动物园的一项基本任务，是动物园最重要的功能，也是动物园有必要存在的重要原因之一。因为动物园使游客众多的公共场所，游客的目的是来观赏和了解动物，这时他们对动物以及相关的知识如动物的生境、动物的保护现状都十分感兴趣，所以动物园的教育作用是任何其他场所都无法代替的。每年全世界有近10亿人次参观动物园，这是一个庞大的群体，如果这些人在每个动物园都能接收到正确的保护信息，无疑会对保护野生动物和它们的环境起到巨大的作用。为了更好地开展教育活动，每个动物园都应制定本园的教育计划，决定自己的目标和任务。中国的动物园正处在娱乐功能的鼎盛时期，教育功能相对而言较为脆弱，科普形式也较为单一，缺少新意。更重要的是，在中国大多数动物园不受重视、缺乏资金，缺少发展宣传教育的能力。由于运作机制的不同，欧美的动物园不像日本的动物园有很上档次的科普馆，但他们的教育活动搞得非常成功，一个象牙、一块兽皮、几块动物的头骨，周密的安排计划，加上热心的志愿服务者，寓教于乐，把动物园

我和它的动物园

变成了真正的环境保护教育基地。

以往静态的、单向的科普教育方式已经不能满足社会公众的需求，在我们所处的信息时代，我们每天所面对的游客的知识素养都在提高，其中有些人出于兴趣的需要，在某些特定领域的知识水平已经超过了动物园的从业人员，已经不再满足于被动的接受，而是希望交流、参与和知识与经验的分享。这种需求上的变化迫使动物园在提高从业人员的知识水平的同时，改变以往的科普教育形式，这种公众需求的力量是巨大的。由于一般意义上的科普宣传工作已经不能满足社会的需求，比动物园中进行的工作内容更为广泛、丰富的环境保护教育工作将逐渐成为公众环境保护教育内容的主流。

• 野生动物异地保护基地功能

这项功能一度是动物园自身所标榜的最重要的、最神圣的职能，能够为我们的事业罩上一层美丽的光环，但是在近些年国内动物园所经历的逆境中，这项功能好像并没有为动物园赢得应有的尊重，甚至成为动物园的搬迁理由之一："因为可以更好地发挥保护的功能，所以有必要搬迁！"

动物园科普宣传

目前还没有足够的参与能力和机会，起码要把动物园建设成为展示和介绍野外栖息地保护工作的窗口，通过这个窗口使公众认识到在动物园以外开展的更广阔、更重要的环境保护工作的意义，认识到这种环境保护与每个人的相关性，认识到动物园在这项综合保护工作中发挥的作用，认识到城市动物园在公众与野外保护之间发挥的联系纽带作用，从而最终认可动物园存在的必要性。

我们暂且不提一些政治因素，仅仅从自身来重新认识这个问题：只要我们把目光放得更宽、更远，我们就不难发现，在动物园中建立人工种群的意义远远没有保护野生动物的栖息地的健康意义重大。保护动物不是目的，这仅仅是保护健康地球生态环境工作的一个主要部分。在动物园中泛滥的东北虎和野外栖息地的严重丧失之间的矛盾是我们有目共睹的，多数动物园的解决之道就是对它们实行"绝育"，显然如果没有就地保护和异地保护，对整个生态的全面保护，那么在动物园中进行的异地保护工作不可能发挥我们想象中的作用。所以，动物园中开展的保护工作必须与野外栖息地的保护工作相结合，即使在

• **提供休闲娱乐场所功能**

随着经济的发展，人们有更多的机会获得愉悦的心情，各种咨询途径的普及使公众了解了更多的动物知识，来到动物园参观已经不再仅仅是满足猎奇心理的需求，而是越来越多的人希望通过交流甚至参与来获得其他途径无法提供的心理上的满足。我们应该及时把握这种服务对象需求的改变，认真地分析和对应，从这种更加深入的需求变化调整动物园休闲娱乐功能的定位，实现动物园不可替代的休闲娱乐功能的途径就是为更多的游客提供交流和参与的机会，而这种机会的提供就是通过新型的公众环境保护教育观念的落实。

动物园之"王"

众所周知,动物之王是狮子,那么动物园之"王"又是哪里呢?就让我们来了解一下,动物园之最。

我和它的动物园

世界上第一个动物园 >

谢布鲁恩宫又称为"美泉宫",位于奥地利首都维也纳西北部,是哈布斯堡王朝的夏宫。

美泉宫建立于1752年的动物园。洛特林格皇帝被召为哈布斯堡王朝的驸马,但不许他干涉女皇的政务。无所事事的皇帝就养起鸟来,成立了自家观赏的动物园。后来亲朋好友及邻邦投其所好,馈赠的珍禽异兽越来越多,成了动物园。这座动物园是欧洲最古老的动物园,也是世界上现存最古老的动物园。

世界遗产委员会评价:

从18世纪到1918年,谢布鲁恩宫殿是哈布斯堡王朝的皇帝们居住的地方。它是由建筑师菲舍尔·冯·埃尔拉赫和尼古拉斯·帕卡西设计建造的,有很多重要的装饰艺术品。它的花园是世界上第一个建于1752年的动物园的遗址,它使非凡的巴洛克式建筑群集中于此,成为艺术品的典范。

世界上最大的野生动物园

世界上最大跨国野生动物园在南部非洲,由南非、莫桑比克和津巴布韦三国联合建立这一跨国野生动物园名为"大林波波跨国公园",地处热带稀树草原,目前占地面积为3.5万平方公里,几乎相当于荷兰的国土面积。它包括南非北部著名的克鲁格国家野生动物园、莫桑比克加扎地区的库塔拉禁猎区及津巴布韦东南部的戈纳雷若禁猎区。园内有非洲大多数的哺乳动物、爬行动物、鸟类和植物。这使得三国边境开放,原本的公园空间扩大,动物和游客都可以自由往来,以往南非与莫桑比克的大象隔着篱笆用长鼻子相互嬉戏致意的情景不会再有,游客也不用再难以抉择地挑选三大公园的中一家参观,更有机会看到比以前多的动植物种类。

我和它的动物园

世界上第一个夜间野生动物园

新加坡夜间野生动物园（Night Safari）是世界上首家于夜间供游客游览的野生动物园，它不同于其他夜间有照明的普通动物园，也不是那种可在世界上其他动物园见到的现代化夜间生物馆。游客可在夜间于热带丛林中观赏野生动物，从而获得独特的体验。

在1994年创立，是全世界第一座夜间动物园，取名为Night Safari，有丛林探险的意味。这里的动物用不同的围篱架起，而采用溪流、岩石、树干为天然屏障，夜间探访花豹、蟒蛇等生物，更有丛

新加坡夜间野生动物园

林的真实感。

当夜幕降临时，这里呈现出的是另一番景象。您可在新加坡夜间野生动物园里与独角犀做面对面的接触、倾听远处条纹土狼的嚎叫，或者静观长颈鹿漫步于夜间宁静的旷野中。

夜间野生动物园另一重要亮点是名为《夜晚的精灵》动物表演，这项节目每夜于园内的露天圆形剧场举行。节目形式创新，以娱乐方式配合舞台灯光及影响效果，呈现夜间动物特有的自然习性，参与表演的动物包括美洲狮、熊狸、东方小爪水獭以及网纹蟒蛇。

我和它的动物园

世界上最古老的动物园 >

澳大利亚墨尔本动物园（Royal Melbourne Zoo）位于距墨尔本市中心北面3公里处，建于1857年，是世界上最古老的动物园，也是世界著名动物园之一。

动物园内种植了超过2万种的植物，奇花异草，争奇斗艳。园内的动物占澳大利亚动物的15%，在保持了原样的灌木丛中，有袋鼠鸸鹋等动物。引人注目的是世界上最早用人工授精方法培育的大猩猩。如果运气好，还能看到它那攀登树木的灵巧身影。还有一点，不要错过世界稀有的蝴蝶屋。五光十色的蝴蝶翩翩飞舞的房间中，无论哪儿都像梦里的国度。墨尔本动物园的最大特色就是，这里的动物和自然，动物和人，人和自然的关系被处理得十分融洽。很多动物和人可以直接交流接触。而这里的环境完全打破了混凝土墙与铁栅栏这种人和自然间的阻隔，人们可以舒服地融入那充满绿色的田野中去。

世界上第一个大型海洋水族馆 >

佛罗里达海洋世界（Marineland）是第一个大型海洋水族馆，于1938年向公众开放，为一私人企业，其特点是使用巨型鱼类水箱和经过训练的海豚。加利福尼亚帕洛斯弗迪斯（Palos Verdes）的太平洋海洋世界以及迈阿密的海洋水族馆都与此相仿。这一类型水族馆的特殊价值在于其巨型水箱，每个容量达100万加仑，各种鱼类放养其中，并不分隔开。而在正式的水族馆中，不同种类的鱼是分隔开的。

我和它的动物园

中国六大顶级海底世界

海底世界一向都是令很多人向往和充满神秘色彩的地方，盛夏最佳的游玩之地，莫过于行走在海洋馆的清凉世界中，在一声声惊呼与欢笑中来认识海底的可爱生物，真是其乐无穷。

• 上海海洋水族馆

上海海洋水族馆是一座具有国际一流水准的现代化大型海洋水族馆。"通过水的世界跨越五大洲"，这是上海海洋水族馆的展示主题。馆内有28个大型主题生物展示区，分亚洲、南美洲（亚马逊）、大洋洲、非洲、冷水、极地、海水、大洋深处八大展区。建筑布局形似金字塔，整体建筑由主楼水族馆及辅助楼两栋建筑物组成。

• 青岛极地海洋世界

青岛极地海洋世界位于青岛东海东路73号，在著名的旅游度假区石老人沙滩之南（东起雕塑园，西至海洋娱乐城）。2006月7月22日隆重开业、总投资12亿元，占地21万平方米。是集大型模拟极地、海洋动物展演、购物、娱乐、休闲于一体的大型综合旅游观览娱乐项目。馆

上海海洋水族馆

青岛极地海洋世界

内拥有白鲸、企鹅、北极熊等十余种两百余只极地动物,另外还有千余种万余只珍稀海洋生物在馆内展示。

• 香港海洋公园

香港海洋公园拥有全东南亚最大的海洋水族馆及主题游乐园,凭山临海,旖旎多姿,是访港旅客最爱光顾的地方。在这里不仅可以看到趣味十足的露天游乐场、海豚表演,还有千奇百怪的海洋性鱼类、高耸入云的海洋摩天塔,更有惊险刺激的越矿飞车、极速之旅,堪称科普、观光、娱乐的完美组合。

香港海洋公园

主体建筑面积 25000 平方米。2005 年初正式对外开放,年接待游客人数约 120 万人次,其规模及展示水平跻身于国内一流海洋馆之列。

• 西安曲江海洋世界

西安曲江海洋世界有限公司投资 2.8 亿元兴建的西安曲江海洋馆,占地 100 亩,

• 大连圣亚海洋世界

圣亚海洋世界拥有"世界第一座海底金字塔"、"世界第一个海底飞碟"、"世界

我和它的动物园

大连老虎滩极地海洋馆

第一座海底城市"及"中国第一座海底工作站"、"中国第一舞鲨场所"和"中国第一梦幻海豚湾超级水秀"。情景式的海洋景观为您开启海底旅程的新航行,穿越史前崇拜鲨鱼图腾的"鲨鱼岩洞",走进"旅行者号潜水器"、"联合号海底工作站",感受神秘的"海底金字塔",探访幽蓝的"海底飞碟",在"舞鲨地带"看群鲨共舞。

"失落的海底城市"尽展海底繁华,300多种、10000多尾海洋动物随时在您身边及头顶游弋。明媚的"鲨鱼岛"洋溢着海边童趣,遭遇"大白鲨"让旅程更加惊险刺激。漫步"哈瓦那大道",感受异国风情。美丽的"梦幻海豚湾"正在上演精彩的"人鱼童话表演",白鲸、海豚与美人鱼、海盗同台共舞,一场全水景演出,让您恍若梦境。

• **大连老虎滩极地海洋馆**

位于大连老虎滩的海洋极地动物馆是世界上建筑面积最大、屯水量最多、展示极地动物最全的场馆,已被列入吉尼斯世界纪录大全。

世界上最大的水族馆

美国乔治亚水族馆是世界上最大的水族馆,有10万多条鱼类,超过2.8万立方米的水体容量,无论是从鱼类数量还是水体容量来看,都堪称世界之最。乔治亚水族馆耗资2.9亿美元,内部建有60个栖息地,收容了500个物种,同时设有300多平方米的观赏窗口。据官方估计,水族馆投入运营的第一年,约有240万游人前来参观。

那么人们是如何做到这一点的呢?他们是如何为所有这些动物营建栖息地?又是从哪里找到它们的?水体是如何保持清洁的?怎么把动物饲养得充满活力的?作为一个非营利性组织,这家水族馆又是如何承担所有这些费用的?

乔治亚水族馆几乎能容纳9个足球场。

与传统水族馆的线性设计不同,乔治亚水族馆设有5个不同的展区,都是环绕中庭排列。这些展区依次为乔治亚探险家、热带潜水员、航海家、寒水探寻和河川侦察。在这些展区的水族池内居住着各类动物,包括鲸、鲨鱼、企鹅、水獭、电鳗、鳐、海马、海星、螃蟹以及大小各

我和它的动物园

异的鱼类。

建造这座水族馆，收容并展示所有这些动物并非易事。在整个建造过程中，该水族馆使用了：

·328吨丙烯酸树脂玻璃窗，大约相当于两头成年蓝鲸的重量

·290套卫生器具、200个地面排水装置和53个屋顶排水装置，其间连有2.4公里的地下管道和8.8公里的地上管道

·97.6公里的管道和线路

·7.6万立方米混凝土和2500根钻孔灌注桩

"航海家"水族池是乔治亚水族馆最大的栖息地，其中存储了水族馆四分之三的水量。它长79米，宽38米，深近10米，贮水量达2268万升。水族池一端的围栏可以让工作人员将鱼与水族池的其余部分隔开，兽医就是在这里为大型动物进行

检查的。搭乘一条缓慢行进的传送带,游客可以穿越水族池底部的一条30米长的丙烯酸树脂隧道,从水底观赏各种鱼类。

乔治亚水族馆的其他展区还包括贮水量达302万升的白鲸围间和一些小型水族池。此外,水族馆还设有多个触摸池,游客可以体验触摸水生动物的乐趣。很多水族池都是利用人造光线照明,但"航海家"水族池、白鲸栖息地以及大型珊瑚礁都能享受到自然光的照射。

为了给水族池蓄满水,乔治亚水族馆注入了3024万升的普通自来水,这些水足以蓄满16万个浴缸。工作人员滤除了水中的一些化学物质和杂质后,还必须把这些淡水变为咸水,营造海洋动物的栖息环境。为此,他们在水中添加了750袋900多公斤的 Instant Oceanandreg海盐,共计68万公斤,这相当于92余万个盐瓶的精盐量。

若要保持水体的盐化状态,只需定期添加少量海盐即可。

45

我和它的动物园

世界上最大的水族馆酒店 >

世界上的豪华酒店不胜枚举,有的酒店在豪华程度上更是到了让人咋舌的地步。所以如果我现在告诉你下面将要介绍的酒店有个"鱼缸",你一定会嗤之以鼻,但是我说这个"鱼缸"有25米高,直径9米,你就会感到惊讶了。

在德国柏林有一家名字叫雷迪森蓝光(Radisson Blu)的酒店。这家酒店在外面看起来与其他豪华酒店,没有太多的区别,然而当你推开它的大门,进入大堂后,你所看见的东西会让你惊讶得闭不拢嘴!因为在酒店的大堂中间,有一个25米高、直径为9米的圆柱体水族馆!

这个水族馆的名字叫aquadom,是全世界最大的圆柱体水族馆。在这个圆柱体容器里盛有大约90万升的水,并且投放了50吨的盐。这个水族馆里一共有56种,共2600条热带鱼。该酒店的这个水族馆是属于柏林海洋生命水族馆(Sea Life Berlin)所有,这个水族馆还有另外的30个海水或淡水的水族箱,有成千上万的鱼类生活在其中。而其酒店中唯一遗憾的是,客人不能进入aquadom里面潜水和鱼儿共游。但是该酒店拥有一部两层的电梯,可以方便顾客观看热带鱼和水族馆的全景。

在该酒店住宿的客人可以在酒店里的大堂、走廊,甚至房间里看到水族馆,让人有一种梦幻的感觉。这个水族馆在2003年12月建成,耗资约1280万欧元。建造水族馆的材料是亚克力玻璃，采用了美国雷诺公司的聚合物技术。

雷迪森蓝光酒店内部还设有一个温泉游泳池，提供免费的无线网络连接。酒店拥有时尚的客房，除了电视机、笔记本电脑、保险箱和空调外，还为客人准备有高品质的洗浴用品。而且很多客房都带有阳台。当你在大堂的酒廊里享用饮品时，你可以看到鱼儿在水里欢快地游戏。

如果说上面这个酒店是世界上"最特别"的水族酒店之一，那么我们下面要提到的另一个酒店，它就可以说是世界上豪华的"水族酒店"了。阿拉伯联合酋长国境内迪拜的帆船（BurjAl-Arab）酒店开业于1999年12月，它是这个世界上无可争议的最豪华的酒店，它也是世界上唯一的七星级酒店，因为五星级的标准已经

我和它的动物园

无法形容它，破格地被提升为七星。这个饭店由英国设计师W·S·Atkins设计，外观就像被风吹鼓了的帆，它一共有56层楼，321米高，是全球最高的饭店，比法国艾菲尔铁塔还要高上一截。

这个酒店的建设花费了5年的时间，其中2年半的时间在阿拉伯海上填出人造岛，再用2年半的时间建造酒店本身。一共使用了9000吨钢铁，并有250根基建桩柱打在40米深海下以保证地基的稳固。

这个世界上最豪华的酒店跟雷迪森蓝光酒店有一个相同点，就是它们都有一个不小的"鱼缸"。这家酒店的餐厅在地下一层，它的一面墙被改造成了一个特大的水族箱，餐桌就沿着这个水族箱摆放。在客人就餐时，鱼缸里色彩斑斓的热带鱼就在眼前游来游去，为客人营造出宛如置身海底就餐的氛围。

拉萨罗布林卡动物园

> 中国动物园之最

中国历史最悠久的动物园：拉萨罗布卡动物园，最早可追溯到1768年。原是七世达赖喇嘛的私人动物饲养场。同时也是世界上海拔最高的动物园（海拔3600多米）。北京动物园是中国第一座现代意义上的动物园。

中国展出动物种类最多的动物园：北京动物园，现有陆生动物490种，海洋动物500余种，共计近千种动物。如不计海洋动物，则上海动物园最多，现有620多种动物。

中国第一个"为城市建设"搬迁郊区的动物园：沈阳动物园，上世纪90年代中期。

拉萨罗布林卡动物园从内地引进的东北虎"贡嘎罗布"，意为大家喜爱的宝贝

我和它的动物园

● 著名动物园探趣

圣地亚哥动物园

毗邻墨西哥国境线的美国加利福尼亚州的圣地亚哥,是一座山海和沙漠相依、浑然成趣、富有自然韵味的城市。从巴尔波公园(Balboa Park)内的圣地亚哥自然史博物馆向北走,就可以看到世界著名的圣地亚哥动物园。

圣地亚哥动物园号称全球最大的动物园之一,拥有世界上最先进的管理设施,诸如猎豹、麝香牛等动物展示区人潮如织。由于占地辽阔,参观游客得乘坐巴士绕园参观。巴士分两层,可将四周的无尽原野风光一览无遗,需注意的是巴士并不经过园中人气最旺的"熊猫区",因其展览位置在动物园的正中央,所以一定要劳驾双腿走路才能见到这些来自中国的贵宾。由于熊猫实在太稀奇了,为了不过分打扰熊猫的生活起居,每天的展览时间只限3小时。

在这里,游客们不仅能从那些濒临灭绝的物种身上感悟到保护野生动

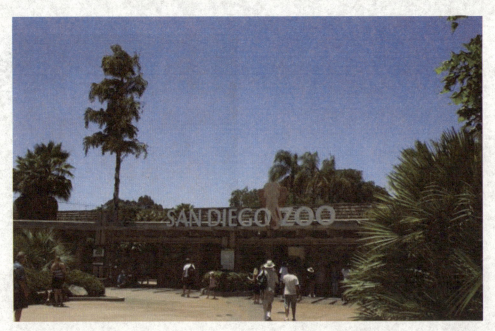

物的责无旁贷，同时还能从比邻而居的海洋水族馆里、从陆地上濒危动物的邻居——海洋动物伙伴那里获得一丝丝愉悦的欣慰。动物世界的情形恰如两重天，在这里形成了泾渭分明的强烈反差和鲜明比照，令人震聋发聩。

在这片波澜起伏的富有山丘绿林情意的广袤地带，栖息着800多种4000多只动物。这里的大熊猫馆区最受游客的欢迎。在全美的动物园中，圣地亚哥动物园饲养的熊猫数量最多，共有4头，其中最小的才1岁。动物园中最抢眼的风景线是耗资2900万美元改建的猿猴森林大道。森林大道两侧是一望无际的郁郁葱葱的繁茂绿林。在这片占地1.2公顷的热带雨林里，栖息着原产自非洲和亚洲的30多种珍稀动物。进入此地，宛如步入一座原始情趣的森林世界。珍稀的黑长尾猴、艳美的云雀以及濒临灭绝的侏儒河马等都会探头探脑地用各自不同的方式欢迎着游人。

闻名遐迩的"夜间动物园"每天的开园时间为晚上9时之后。喜欢猎奇和夜生活的游客们趋之若鹜、纷至沓来。在漆

我和它的动物园

黑的夜色中,游客们可以在汽车里亲眼看到狮子的夜生活,亲耳听到它们令人毛骨悚然的吼叫声,身临其境感受近距离的刺激和特别的体验。

进入圣地亚哥野生动物园,仿佛进入了另一个世界。在这个2100英亩的野生保护区内,动物们自由地漫步,仿佛在它们自己的野生家园。游客能够通过安静的铁轨进入园区,欣赏外来物种和植物。进入野生动物园,来自非洲的鸟禽会给你带来第一声的问候。几步路的距离便是Nairobi村,它是被蒙巴萨礁湖(Mombasa Lagoon)环绕的热带天堂。这个热闹的村落有许多商店、餐馆、博物

馆和活动中心，在这里游客能够购物、歇脚、查询地图和计划行程等等。Nairobi村位于野生动物园的中心，孩子可以尽情享受这里的游乐设施，各个年龄的游客都能从喂鸟中得到极大的乐趣。参观时，不要错过乘坐Wgasa Bush铁路线，探出脑袋，能够看到长颈鹿、大象、犀牛，以及数以百计的其他动物群在广阔的天地中自由漫步。其他徒步旅行的区域包括非洲大猩猩栖息地、秃鹰岭和乞力马扎罗山野生动物园等。

在水族馆展区，五彩缤纷的水生动物面前常年都是人头攒动、摩肩接踵，其吸引力经久不衰。游客之所以对水族馆一往情深，主要是对该展区的超凡魅力心驰神往。在水族世界里，游客们可以与海兽亲密接触。在水族馆里，乘坐小型潜艇等与水生生物融为一体，别有一番情趣。除此，游客们还喜欢水族馆里引进的海豚、海狮等动物的节目表演。观赏大厅不仅清新典雅，同时，那些为增加娱乐气氛而专门播放的音乐也为动物们的即兴表演平添了浓浓的喜庆色彩。圣地亚哥动物园的虎鲸表演最抢人眼球，也最叫座。水族馆里共饲养了16种海洋哺乳类动物和430多种鱼类，其数量超过2万条。虎鲸属于技压群芳、最出类拔萃的超级明星。它也是水族馆招徕游客的"大腕"。近年的大规模演出中，人们又会被脱颖而出的另一头名叫"精灵"的虎鲸新秀的精湛演技折服，击掌叫绝。

我和它的动物园

伦敦动物园 >

伦敦动物园为世界上最古老的动物园之一。该园于1828年4月27日成立。起初,园内动物为科学家的研究对象,后在1847年对公众开放。展出超过755种,15000只动物,收藏量是英国之最。

伦敦动物园由1826年建立的伦敦动物学会管理,位于摄政公园北部,并被摄政运河穿越,占地36英亩。伦敦动物学会亦将如象和犀牛等大型的动物由市区的动物园迁往贝德福德郡的惠普斯奈德野生公园安置。伦敦动物园是世界上最古老的动物园,于1849年建成爬虫馆、于1853年开放公众水族馆、于1881年拥有第一个昆虫馆以及于1938年建成世界上第一座儿童动物园。另外,2007年首家蛙类综合保护中心馆亦向公众开放。伦敦动物学会不接受国家资金,并且依靠"Fellows""Friends""Members",入场费和资助创造收入。

一般相信热带动物在伦敦的寒冬

下不可能户外生存，直到1902年Peter Chalmers Mitchell上任学会前，热带动物仍被饲养在户内。Peter Chalmers Mitchell开始对动物园的饲养房作出整顿，将许多动物迁往室外，其中许多成功了。这种想法受汉堡动物园启发并导致许多新设计的饲养房建筑。Mitchell也于1926年买了惠普斯奈德附近的农场，在伦敦北部建一个占地600英亩的新公园，于1931年惠普斯奈德野生动物园开放，成为世界首个开放式野生动物园。在1962年，阿拉伯大羚羊Caroline在首个国际合作繁殖计划中被借到美国亚利桑那州的菲尼克斯动物园。现在动物园参加130个物种的繁殖计划。在2005年8月下旬的4天，动物园举办了人类动物园展览，在Mappin Terraces上把8个人"展示"。展览目的是展示人作为动物的基本本质并且审查我们在动物界造成的冲击。现在，动物园饲有唯一的蜂鸟和索哥罗鸠（已野外灭绝）个体。

英国伦敦动物园的工作人员对园内动物进行了"人口普查"

我和它的动物园

柏林动物园 >

德语作Tierpark Berlin。柏林的一座动物园,以收集饲养动物种类繁多见称。应公众要求,由原东柏林市政府于1955年开放。老柏林动物园经第二次世界大战破坏后残余部分当时在西柏林,原东柏林的居民不能进入。柏林动物园在腓特烈斯费尔德(Friedrichsfelde),占地168公顷。

柏林动物园已迅速发展成为世界上收集动物种类最多的大动物园之一,饲养着885种共5350只动物。最著名的是布氏动物馆(Alfred Brehm Animal House),是世界上最大动物园建筑物之一。馆内设有能容纳几百种鸟类的巨大鸟舍。鸟舍两侧是猫科野兽的笼子以及蜥蜴类和蛇类的育养箱,而整个建筑又长满了从国外引进的热带植物。该动物园还有异常巨大的自然露天围栏,用于饲养美洲野牛、

骆驼、美洲驼以及其他有蹄类动物,并用于养北极熊。柏林动物园位于市中心,原是私人花园,1954年8月改建为动物园,1955年7月2日正式开放。初期,只有120种动物,总数不超过400只。以后逐年有所发展。1980年,该园占地400英亩,共拥有900种动物,总数达5000只,其中有1289只哺乳动物、2047只飞禽和555只爬行动物。

我和它的动物园

新加坡动物园 >

　　新加坡动物园位于新加坡北部的万里湖路，占地283公顷，采用全开放式的模式，是世界十大动物园之一。园内以天然屏障代替栅栏，为各种动物创造天然的生活环境，有172个品种约1700多只动物在没有人为屏障的舒适环境下过着自由自在的生活，与游客和平共处。

　　动物园内一个自由快乐的天地，占地约1公顷，由6个大岛和2个小岛构成。在这里生活着11种不同种类的猴子和猿类，其中包括疣猴、猕猴、赤猴、狐猴、白手臂猿等。一道道小小的河流把一个个小岛隔开，岸边绿草丛生，野花烂漫，树木参天，瀑布挂岩，宛如

《西游记》中的花果山、水帘洞。

　　动物园内还有迷你蒸汽火车将带游客畅游"原始王国"、"南极乐园"及整座动物园。园内展出的世界各地的动物不少品种属于珍禽异兽,如马来西亚的水獭、鹦鹉、小黑猴、黑豹,东非的狮子、犀牛、河马、鲤鱼、羚羊等。游人还可欣赏海狮、大象以及人猿的精彩表演。动物园特别安排了人猿与游客共进早餐、喝茶的节目,还可拍照留念。

　　从中国四川来的大熊猫"安安"和"新兴"被安置在"稀有动物展览馆"内。

我和它的动物园

迪拜：水族馆与水下动物园

迪拜被称为"沙漠迪斯尼世界"，它有世界最高楼、世界唯一的七星级酒店、世界最大的人造岛、世界最大的室内滑雪场、世界最大的购物中心……迪拜热衷于缔造一个个"世界之最"，而这些"世界之最"也的确吸引着全世界游客的眼球。

迪拜的水族馆与水下动物园是全球最大的室内水族馆之一，拥有吉尼斯世界纪录认定的"全世界最大的水族馆观赏幕墙"。迪拜水族馆展出的海底生物数量多达3.3万种，包括鲨鱼和黄鱼在内的超过220种的物种。水底玻璃通道让游客能够近距离接触这些水下生物。水下动物园拥有36个独立的水族展，让游客体验不同的水下环境。水下动物园通过互动形式向游客讲解海洋生物的生态环境和可持续生存的知识。整个参观过程包括3个生态区：热带雨林、礁石海岸和海洋生命，汇集了大量水生动物，包括

多伦多动物园

多伦多动物园内有5000多种动物,是加拿大一流的动物园。园里面的展馆设计独特,其中面积达30英亩的非洲园(African Savannah)是获奖作品。

另外,比较有特色的展馆还有大猩猩雨林馆,这是北美最大的室内猩猩展馆。查莱氏探索乐园(Zellers Discovery Zone)则是孩子们的天堂,乐园里有体验互动乐趣的儿童动物园(Kids Zoo),水上乐园(Splash Island)和观看动物表演的水榭剧场(Waterside Theatre)。

企鹅、海豹、鳄鱼、食人鱼、蜘蛛蟹、河鼠、巨鲶、蜥蜴、魔鬼鱼等。参加公开举办的"鲨鱼潜游"(Shark Dives)活动便有机会穿梭在鲨鱼之间,也可以乘玻璃底船在水族馆饱览水下风光。

多伦多动物园

我和它的动物园

伯利兹动物园 >

　　伯利兹动物园（Belize Zoo）位于伯利兹城以西29.5英里处，是伯利兹城一处著名的旅游景点。动物园成立于1983年。在动物园成立最初，这里是作为年迈的自然史"电影明星"的养老地，不过现在已经成为了受伤野生动物的庇护所和康复中心，同时也是许多受虐及被遗弃的"宠物"的家。

　　由于在伯利兹有众多的野生动物，所以人们自然而然地将这些动物作为其个人财产，不过，当人们无法驯养或是对这些"宠物"感到厌倦的时候，伯利兹动物园就成了这些被遗弃"孤儿"的新家。

　　入住伯利兹动物园，并经过专业的康复评估后，那些可以继续在野生环境下生活的动物将会被放回大自然；而那些无法在野生环境下生存的动物，则会留在动物园提供的环境中，成为永续教育人们伯利兹自然史计划的一分子。

　　现在的伯利兹动物园拥有超过150只鸟类、哺乳动物和爬行动物，很多动物都是伯利兹当地的动物。动物园中还有5种不同种类的野生猫科动物，它们都是生活在玛雅山脉（Maya Mountains）热带雨林深处的物种。这5种猫科动物分别是美洲虎、中美洲虎猫、美洲虎猫、豹猫以及美洲狮。

我和它的动物园

龙柏考拉野生动物园

龙柏考拉保护区，又名独松保护区，位于澳大利亚布里斯本城外12公里处的无花果园区，开园于1927年，是世界上历史最悠久、品种最多的考拉动物园，是澳大利亚最大的考拉保护区，这里有80多种澳大利亚特有的动物和鸟类，另有一片考拉和袋鼠栖息区，区内环境完全是这两种动物的自然生活环境。这里的考拉的数目，比整个澳大利亚所有动物园里的考拉总数还要多。对待这些动物，澳大利亚给予了极大的保护，就像中国保护大熊猫那样。

由于昆士兰是澳大利亚唯一可以与可爱的考拉亲密接触的州，所以这个拥有全澳大利亚考拉数目最多的龙柏考拉动物园，对喜欢野外生活的澳大利亚人来说，无疑是个休闲的好去处，因而也就成为了布里斯本最吸引人的地方。

　　这里最讨人喜欢的就是可爱的考拉。它们不大，总是伸着胖胖的前臂抱住树干，吃着桉树叶，好奇地注视着游人。特别是每天大部分时间它们都趴在树上睡觉，憨态可掬。游人要与它合影时，工作人员才将它抱下来。你想象不出当你真的双手交叉抱着一只毛绒绒、笨笨的考拉时心里的那种喜悦，这笨家伙一屁股坐在你的手上，靠在你身上，用两只前爪一边一只架在你的肩膀上，和出生不久的婴儿一样讨人怜爱！

　　像考拉一样懒懒的家伙，动物园里还有很多，比如国宝级的动物袋熊、蜥蜴、笑翠鸟等等，它们都是白天呼呼大睡，任你怎么指指点点，都不注意睡姿的懒虫。除此以外就是性情温顺的袋鼠了。在一大片翠绿的草地上，几十只袋鼠坐在草地上认真地观看着游人；或三五成群地在那里闲散地踱步，悠闲地走来走去，偶尔跳几下，等你喂食给它们；你也尽可以放心地去抚摸它们柔软但结实的毛，亲近之后你会发现这些袋鼠毫无攻击性，非但如此，听说它们还可以陪着人们一起打高尔夫球，实在有趣。袋鼠非常温顺可爱，任你随便摆姿势与它们合影留念，高兴时它们会提起前腿欢快地蹦蹦跳跳。

我和它的动物园

● 中国三大动物园介绍

北京动物园 >

北京动物园位于北京西城区,是中国最大的城市动物园。明代为皇家庄园,清初改为皇亲、勋臣傅恒三子福康安贝子的私人园邸,俗称三贝子花园。东部叫乐善园,西部叫可园。清光绪三十二年(1906年),可园和乐善园合并,收集了一些动物,称万牲园。中华人民共和国建立后,经全面整修扩充,辟为西郊公园。1955年改今名。全园占地面积50公顷,建筑面积约5万平方米,动物活动场地6万平方米。各种动物都有专门的馆舍,如河马馆、狮虎山、熊山、猴山、鹿苑、象馆、牛羚馆、长颈鹿馆、熊猫馆、海洋馆、金丝猴馆、两栖动物爬行馆、鹰山、儿童动物馆、湿地、企鹅馆等。来自世界各地的动物如白化斑豹、亚洲象、美洲豹、大熊猫、川金丝猴、黔金丝猴、滇金丝猴、长臂猿、白化虎、朱鹮、丹顶鹤、扬子鳄、大食蚁兽、美洲野牛、树懒、白狮、非洲象等。北京动物园还成功地进行过动物的产卵育雏、传宗接代工作。园内还配有餐厅、商亭等服务设施。北京动物园是国家和北京市科普教育基地、全国十佳动物园之首,北京市文明先进单位,国家4A级旅游景点,国家重点公园。建国以

我和它的动物园

来与世界50多个国家和地区的动物园建立了友好联系,许多国家领导人及知名人士赠送给政府和人民的礼品动物都在这里饲养展出。北京动物园是中国开放最早、珍禽异兽种类最多的动物园,距今已有100余年的历史。它位于西城区西直门外,占地面积约90公顷,饲养展览动物900余种2万多只,每年接待中外游客600多万人次。

从清末时期的万牲园,民国时期的农事试验场,到建国后的北京动物园,纵观100年的历史,特别是建国后的半个多世纪,由于党和国家领导的关怀,无数动物园人的奋斗,使得北京动物园发展成为现今全国规模最大、饲养动物种类最多、科技力量最强,在亚洲乃至全世界都有着巨大影响力的动物园。

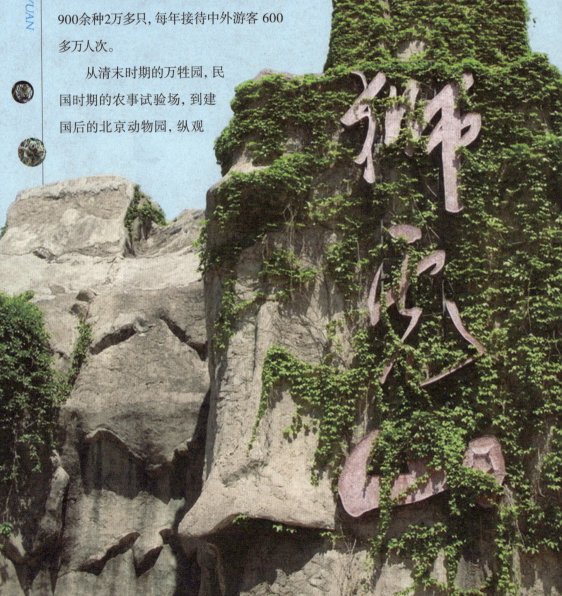

- 主要馆舍
- 狮虎山

　　北京动物园狮虎山建于1956年，是北京动物园的标志性建筑之一。在照相机在中国属于高档消费品的时代，许多人在动物园的纪念照都是以狮虎山为背景的。狮虎山的建筑被装饰成独特的山形结构，进入馆舍参观犹如进入神秘的山洞，连接室外活动场和室内动物馆舍的通道也设计成山洞的形式，这种设计不仅有很好的视觉效果，而且可以避免冬季寒风直接吹入展厅内部。狮虎山内饲养了包括非洲狮、白狮、孟加拉白虎、东北虎、美洲豹、美洲狮在内的多种大型猫科动物。过去，每逢假日，饲养员会向笼中投放活鸡，以此来训练动物的野性。

我和它的动物园

高架桥下的猴山旧址

- 猴山

北京动物园猴山位于北京动物园东南侧，是动物园现存历史最悠久的馆舍，也是现存唯一兴建于1949年以前的馆舍。猴山占地面积1000平方米，为下沉式结构，场馆中央用山石堆积成两座假山，之间悬挂软梯、轮胎等游乐设施。2007年因修建高架桥道路，猴山被关闭，现将其保护，作为猴山旧址展出，新猴山已建成开放。

- 熊山

北京动物园熊山位于动物园东北角，原址为稻田，1952年动工兴建熊山，占地面积4275平方米，原由黑熊和白熊两个下沉式露天馆舍组成，白熊山位于东侧，内有假山和水池。黑熊山位于西侧，分南北两个部分，南侧场地较大，有假山和水池，内为棕熊。北侧场地较小，仅有水池一座，内为黑熊。因2007年修建高架桥将黑熊山拆除，白熊现未对公众展览，原白熊山仍对外开放，现在内饲养棕熊及黑熊。现在新熊山已建成。

- 熊猫馆

现存的北京动物园熊猫馆是1990年作为第十一届亚运会献礼工程兴建的，造型独特，曾经入选当年度"北京十大建筑"和"北京市优质建筑"，但实际上熊猫馆建筑质量非常一般,使用10年之后就已经开始出现漏雨问题。熊猫馆总占地面积1万平米,建筑面积1452平米,主体建筑呈盘绕的竹节形状,有11道半圆形的拱圈沿竹节延伸的方向分布,象征第十一届亚运会,东南侧为馆舍参观入口,西北侧为通向室外活动场的出口,室内共有三个公开展室,参观大厅顶部悬吊12个玻璃钢大球,以调节室内音响效果,功能性区块包括隔离间、治疗间、饲料间、鲜竹储存间、产房、饲料制作间、电视监控室等均设在半地下,熊猫的室外活动场地自然起伏,设有木质栖架和游乐设施。熊猫馆周围绿化以竹为主,通向熊猫馆步道装饰有黑白两色鹅卵石。2008年修建奥运熊猫馆,临时展出8只来自四川卧龙熊猫保护区的大熊猫,原熊猫馆现更名为亚运熊猫馆同时开放。

• **中型猛兽区**

原位于熊山北侧,展览朝鲜豹、雪豹、云豹、黑豹、猞猁等中型猛兽,于2007年关闭,中型猫科动物暂不对外展出。新中型猛兽区已建设完成,并于2010年10月开放。

• **犀牛河马馆**

北京动物园犀牛河马馆位于长河北

我和它的动物园

岸,建于1992年至1994年,内有白犀牛、独角犀及河马,并设有餐厅。旧河马馆位于水禽湖西部。

- **象馆**

  北京动物园大象馆位于长河北岸,建于1996年至1998年间,东部展览亚洲象,西部展览非洲象。馆外有活动区。旧象房位于猴山北侧,上世纪70年代曾因展览斯里兰卡总统班达拉奈克夫人赠送的亚洲象"米杜拉"而闻名。

- **长颈鹿馆**

  北京动物园长颈鹿馆1957年8月竣工。该馆位于动物园长河以南,是动物园西部最高的馆舍。该馆为砖混结构的单层尖顶建筑,颇具欧洲风格,最高处8.9米。

  中央参观大厅跨度为5米,长20米。

长颈鹿馆的兽舍面积200多平方米,共分7间,动物与游人近在咫尺,仅以一网隔开,展览效果极好。

紧傍兽舍的5间室外运动场总面积达3000平方米以上,运动场之间以栏杆相隔,饲养员可以根据不同的需要把动物分布于各个运动场。运动场外环绕着宽2.5米的参观通道,为保证安全,除网外有栏杆与游人相隔外,网下还砌有60厘米高的矮墙,这大大提高了安全系数。为了照顾长颈鹿特殊的身体特征,本馆不论馆舍还是栖棚都建得高高大大的,给人一种挺拔向上的感觉。

• 两栖爬行馆

　　北京动物园两栖爬行动物馆位于动物园西南部,紧邻鬯春堂,建于1979年,建筑面积4345平方米,曾经是北京动物园设施最好的馆舍之一。两爬馆分上下两层(由于改建现地下一层暂时停止展览),设计有展厅、参观廊、室、操作廊间、饲料饲养间等功能区块,馆内设置大小不一的展室90余个,展室面积根据展示的动物不同而有很大差异,用于饲养和展示扬子鳄的展厅面积最大,179平方米,展示蛇的展厅面积则不足1平方米。门厅左侧展示鳄、龟、鳖等爬行动物,最大的一间鳄鱼展室就位于此,门厅右侧楼下展示两栖动物,楼上展示蛇类,右侧展厅中央是饲养和展示网纹蟒的蟒蛇展厅,展厅贯通上下两层,长12米,宽6.4米,高11米,展厅中央用混凝土铸造了一棵假树供蟒蛇攀缘,厅内有空调系统和湿度调节系统,这在1970年代的中国是非常先进的。两爬馆外西侧有三个室外活动场,与馆内鳄鱼展室相连,活动场用鳄鱼、青蛙等动物雕塑装饰,突出了两栖爬行馆的主题,展馆东侧室外临湖,依水建榭与主体建筑用回廊连结,并有跃层悬梯相连。两爬馆建筑形式活泼,功能完善,是70年代和80年代北京动物园最重要、最成功的建筑之一。

我和它的动物园

- **雉鸡苑及动物育幼室**

  北京动物园雉鸡苑建于1983年，位于动物园正门东侧，展示各种雉形目鸟类，以及南美鹦鹉、大鸨和神鹰。雉鸡苑东侧数间房屋在上世纪90年代被改为动物育幼室，向游客展示人工哺育灵长目动物的过程。

- **水獭馆**

  北京动物园水獭馆是北京动物园在英国和澳大利亚驻华使馆资助下兴建的笼舍丰容示范项目，在新水獭馆里为动物修建了很多量身定做的游乐设施。

- **大猩猩馆**

  北京动物园大猩猩馆新馆建于1987年。该馆占地面积8000平方米；建筑面积1430平方米；室外运动场面积3600平方米；工程总造价达420万元。建筑面积比旧馆增加了近2倍，展舍内建有猩猩日常活动的山石、栖架，背景绘有猩猩野外生活的壁画，展窗玻璃采用大尺寸34毫米厚的复合玻璃，保证捶击安全。室外运动场有山石、水池等运动设施和围栏，展室与室外运动场有地廊作为通道，串笼闸门为手摇机械门，人与猩猩不直接接触，

保证了饲养人员的安全。馆内还设有隔离室、治疗室、繁殖室、育幼室及饲料加工室等,加宽了饲养操作廊,改善了饲养管理条件。室外运动场栽有高大的乔木和成丛的灌木,还有假山石和假的枯树干,很好地再现了野外环境,有利于动物玩耍、嬉戏,观展效果也很好。

- **夜行动物馆**

　　北京动物园夜行动物馆于1988年11月正式开馆。它位动物园正门偏东北约50米。该馆为一东西长、南北宽的矩形建筑,它的东面为出入口,南、北、西为动物展舍。其中南北两侧还设有外运动场。本馆展示的主要是昼伏夜出的小型杂食性动物。馆内有展舍22间,采用人工控制灯光照明。每日早8点至下午5点用红光照明,用来模拟夜间环境,使夜行性动物夜间的活动情况呈现在广大参观者面前。

- **其他馆舍**

　　其他比较著名的馆舍还有北京动物园金丝猴馆、企鹅馆、叶猴馆、长臂猿馆、热带小猴馆、貘科动物馆、朱鹮馆、火烈鸟馆、小动物俱乐部、科普馆等。

我和它的动物园

上海动物园 >

上海动物园（Shanghai Zoo）位于上海市长宁区虹桥路2381号，紧邻上海虹桥国际机场。始建于1954年，原名西郊公园。上海动物园属于国家级大型动物园，占地面积74.3万平方米，饲养展出动物620余种，饲养展出动物的馆舍面积有47237平方米。是全国十佳动物园之一，中国第二大城市动物园。

- 主要景区

- ### 科教馆

位于大门西侧。原为砖木结构的百花厅，1992年9月改为钢筋混凝土结构的三层环形建筑，面积2200平方米。该馆由上海市民用设计院设计，上海市园林工程公司施工。马赛克墙面为白绿两色相间，南面墙上有一幅绿色大树图案，以示保护生态的主题。正面墙上嵌有谈家桢题写的"科学教育馆"五个金色大字。进馆迎面有一幅世界区系动物图，高1米、宽2米、

以504块瓷砖拼就，图上标出7个系61种代表动物所在的位置。馆中间圆形天井内，耸立一座动物进化示意模型，显示从原始形态的厌氧异养生物，逐渐进化到人的全过程。该馆有三个各具特色的展览室。蝴蝶馆有1000多只标本，其中有国家重点保护的5种蝴蝶及其他400种珍贵蝴蝶。自然保护展览一室以模型展示地面植被被破坏后造成的水土流失，农田、草地沙漠化、洪水、干旱、风沙肆虐的情景。自然保护展览二室以图片及文字表现人与自然的关系、动物灭绝的原因和灭绝速度等内容。馆外沿墙基设带状花坛，上植红枫、垂丝海棠、黄杨等。馆南为大片草坪，周边种植高大的悬铃木、广玉兰、乌桕、枸骨，树荫下设石桌石凳。右侧草坪上有一座置于不锈钢架上的太阳能大钟。

- **九曲长廊**

位于科教馆以西，原为1954年建的竹结构五曲长廊，1972年改建成钢筋混凝土结构九曲长廊。廊平顶，北面廊墙置漏窗，南面为廊柱，总长70余米，建筑

我和它的动物园

面积320平方米。廊前保留原高尔夫球场一块略有起伏的草坪,1966年于草坪上建混凝土"草原英雄小姐妹"雕塑一座,底座高1.1米,像高3.5米,占地20余平方米。廊后错落有致地散点山石,小溪蜿蜒其间,旁植腊梅、桂花、石榴、南天竹、紫薇、郁李、黄金条等花灌木。

• 松鼠猴生态园

　　松鼠猴生态园是一座观赏视觉无障碍的生态化展区,于2000年国庆节落成。该园总面积1000平方米,其中室外活动场700平方米。园内用落叶乔木合欢为骨架树种,符合松鼠猴生活在热带原始森林的习性。在背景树种上选择了珊瑚和女贞这两种常绿树种,以及刺梨、火棘等植物为松鼠猴提供可食用的果实。在整个松鼠猴生态园的设计中,始终遵循"生态"二字,把人、动物、自然三者有机地结合,创造一种人和动物在自然中和谐共处的生态环境。

• 节尾狐猴园

　　位于猴山北面,通过仿真塑山与猴山相连。园内种植草皮和各种灌木,供节尾狐猴嬉戏。游客既可以站在节尾狐猴园一条空中廊道俯视观赏动物打闹,也可在动物园主干道边通过约1米高的钢化玻璃无障碍地平视参观狐猴的活动。

• 猛兽生态园

　　2001年元旦前建成开放的无视线障碍的狮虎豹生态展区。猛兽生态园面积700平方米,在拆除部分旧豹舍的基础上改建而成,因地制宜,充分利用原有条件,从人·动物·自然的生态关系出发,依据展出动物的种类和生活习性,将整个园子依次分隔成三个不同的小生态园,分别饲

养展出非洲狮、虎和豹。

　　设计者在生态园内堆土造地形，选择一些胸径0.4—0.5米的香樟、悬铃木等大树支托环境。针对不同动物的习性，配置小乔木和花灌木，并自然组群种植，在草地上布置枯树段，以满足猛兽的捕食、磨爪的要求，也可避免猛兽对大树的损坏。另外还大量运用藤本植物如爬山虎、西番莲、南蛇藤、鸡血藤、紫藤等绿化。　生态园外围的参观面安装了大面积的钢化玻璃，游客参观时基本没有视觉障碍，提高观赏效果，有了一种可与动物亲近的感觉。

· 两栖爬行动物馆

　　室内面积3180平方米，部分为二层建筑，室外面积200平方米，于1994年建成开放。本馆主要由序言厅、水族厅、两栖动物厅、蜥蜴厅、无毒蛇厅、毒蛇厅和生态厅七部分组成。水族厅展出海洋珊瑚鱼类、热带观赏鱼类和淡水经济鱼类，包括我国特产的保护鱼类中华鲟、胭脂鱼，以及蠵龟、玳瑁、海龟等大型海产爬行动物。两栖厅有我国特产的大鲵（娃娃鱼）、树蛙，以及古时用于检测妇女怀孕与否的滑爪蟾等。蜥蜴厅内的6米巨蟒、"五爪

我和它的动物园

"金龙"——巨蜥、陆龟等珍稀濒危野生动物。蛇类也有网纹蟒、各种有毒和无毒蛇。

生态厅模拟亚热带动物生态环境，种植了几十种热带植物。游客可以俯视饲养在其中的我国特产扬子鳄、长3米多的湾鳄、超过10公斤的马来西亚巨龟和中国目前最大的、体重达140公斤的鼋。

• 黑猩猩生态展区

猩猩馆建于1977年，总建筑面积850平方米，共有6个室内展厅组合成两幢相连的建筑，主要饲养猩猩、黑猩猩、长臂猿等类人猿。类人猿展览厅宽敞，每个室内展厅有43平方米，南向与东向都有长窗采光，通风良好，室内展厅局部为三层。室内展厅有4间，合用两个敞开式室外活动场。室外活动场呈圆形半岛式，三面环水，游人在抬高后地坪上观察动物的日常活动。每到天气晴朗的时候，黑猩猩便跑到室外活动场戏耍、打闹。黑猩猩是地球上除人类外智慧最高的动物，动物园为黑猩猩提供了一些玩具，在丰富它们的日常活动之余，也增添了游客的乐趣。1991年又建筑了大猩猩馆，建筑面积共515平方米，有2间室内展厅和2个室外活动场。

• 亚洲象展区

上海动物园目前饲养有国内动物园少有的三代同堂的亚洲象家族。象展区包括象室和象室外活动场两部分。象室建成于1955年，是上海动物园第一幢永久性的动物馆舍，总建筑面积1550平方米，主要包括500平方米室内活动场、620平方米参观厅和100余平方米的4个门厅。室内活动场的东、西、南三面都是宽9米的参观厅，参观厅进出口的门厅东、西各有一个，南面分左右两个，南面二门厅间外有紫藤棚架相连。整个建筑的门窗都用杉木拼雕成具有民族风格的图形装饰。象室外活动场设在象房建筑的东北面，占地4000平方米，内设240平方米的浴池和大遮阴棚架，四周用干沟与游人隔离。活动场地主要为略有起伏的泥地，并栽有树木，更适宜象泥浴、运动等活动。上海动物园的亚洲象一直是小朋友们最喜爱的动物之一。

• 长颈鹿馆

上海动物园长颈鹿馆始建于1965年，目前总建筑面积712平方米，分为东西两个独立的笼舍。每个笼舍都有单独的小间，以备有小崽出生时用。由于长颈鹿身高腿长，为了满足它们基本活动的需要，室外活动场面积达2180平方米，场内种植草地和大树。由于围栏网高度1.20米，游人参观时视线不受阻挡，可直接观察长颈鹿的一举一动。

• 热带食草动物生态园

又称生态羊苑，位于长颈鹿馆的东面，占地6000多平方米，于2003年3月建成。该生态园模拟热带食草动物原生环境，以视觉无障碍的方式展示动物。游客在参观完高大硕壮的长颈鹿后，沿蜿蜒的仿石小道信步而上架空的木栈道。凭栏眺望，羚羊在起伏的草地上欢奔，驼羊在枯池边散步，斑马掩映在灌木丛中。游客仿佛置身于非洲动物世界中，与动物亲密接触。

我和它的动物园

• **食草动物区**

建成于1959年,在海兽池前主干道两侧,其中主干道西侧的鹿苑于1993年改扩建为鹿科展区和牛科展区。鹿科展区又分大鹿科和小鹿科两个小区。大鹿科区笼舍采用前台结合后台形式,前台展出区分7个展区,每一展区面积400—700平方米,区内布置树木、山石、流水、遮阴棚、食槽,两展区间有300—500平方米的绿化隔离带,每一展区后有两间兽舍作为后院。前台控制展出头数和种数,多数饲养于后院,轮流在前台展出,避免因展出头数太多而破坏环境。展区与游人用干沟和矮墙隔离。小鹿科区4间笼舍有保温设施,饲养南方的种类。牛科展区有7间笼舍,每处室外活动场有700平方米左右,内植树木、草地,也用矮墙、干沟与游人隔离,没有过多栅栏对观赏效果的影响。在食草动物区有两座用真石叠起、高2—5米的假山,适合栖息于石山环境的羚牛。

• **虎山**

分为东山、中山和西山三个各自独立的部分,分别展出东北虎、孟加拉虎和华南虎。虎山的室外活动场是敞顶的,每座面积300平方米左右,与游人用水沟隔离。游人通过垂直的混凝土墙从远处观察动物。其中一处用瓷砖烧制壁画做背景,壁画长达60米,高约6米,上绘草原、疏林、流水、野生动物等,使游客仿佛置身于原野之中。游客可在虎山欣赏猛虎矫健的身影,聆听虎啸之声。

• 熊猫岭

　　展出大熊猫和小熊猫两种可爱动物，两种动物的展区中间由木香花架相连，北毛竹园、水杉林，东南西三面有慈孝竹丛点缀，使熊猫岭掩映在翠竹树丛间，既反映出熊猫岭栖息地的生景，又提高了展出环境。大熊猫馆为一扇形建筑，即参观廊，中间为室内展厅，南面为室外活动场。参观廊宽4米，室内展厅面积120平方米，用玻璃分隔两部分。室内活动场采用仿木框架与双层防弹玻璃相接，玻璃上部外倾5°，减少了反光，拉近了人与动物间距离。游客可以透过玻璃细心观察大熊猫的一举一动。大熊猫半圆形的室外活动场面积600平方米，用围墙隔离，场内有树木、草地、山石、水池，游人可侧坐围墙顶端观看熊猫活动。大熊猫户外运动场做

83

我和它的动物园

了栖架,满足了大熊猫爬树的爱好。 小熊猫展区也包括内外两个部分。小熊猫馆为圆形建筑总面积82平方米,其中参观厅50平方米,室内展厅82平方米,内设卧床,便于小熊猫进行"隐秘"活动。南面室外活动场为270平方米,内种植树木、草地,小熊猫可终日呆在几棵高树上晒太阳或休息,或者笑迎远道而来的游客。

• 北极熊展区

在模仿北极冰山的环境中,利用循环水给北极熊提供了一个大游泳池。在参观地坪做成一个下沉式广场。游客透过厚达8厘米、重达2.6吨的有机玻璃可对北极熊的活动一览无遗;玻璃幕墙形成了一个宽10米的大展面,参观大视角,让游客仿佛置身于北极境地。目前饲养的北极熊是捷克一家动物园赠送给上海动物园的。每天早晨,北极熊便在水池中尽情玩耍,有时会将粗大的前肢放在玻璃上,让游客与这种世界上最大的陆生食肉动物面对面。

• 巴西狼生态展区

因巴西铌公司与我国钢铁界有长期业务联系,故赠送1对巴西狼给原上海市市长徐匡迪院士。上海动物园巴西狼展区是一座模拟自然生态配置的动物展示场。整个笼舍占地3150平方米,建筑面积95平方米。游人可站在1米多高的仿造大石块

护栏前,俯瞰动物在地势起伏、长满灌木草丛的室外运动场中活动,一种贴近自然可与动物互相交流的感觉油然而生。在室内展示厅,巴西狼的行为通过大玻璃窗尽收眼底。这一展区也是一座南美巴西随哈图地区乔灌木、草丛地带的居民小屋在上海的再现。奶黄色的外壁镶嵌着乳白色的框边,上面点缀着垂直条状的水晶玻璃石;窗前火红的鸡冠花与门厅前色彩艳丽、波浪造型的花坛相呼应,充满着休闲别墅的情调。30—45°大斜面的屋檐上铺置着带树皮的圆木,映托着种满常绿灌木和攀缘植物的屋顶,从一股洋味中透出了原始古朴的气息。

• 涉禽生态园

涉禽生态展示区毗邻天鹅湖,2000年春节开放。占地3400平方米,打破了鸟类一贯笼养的格局,全部敞开式,以微缩景观的方式体现动物的生态环境,环境配置反映生态系统的多样性,追求动物与环境的和谐,人、动物与自然的和谐。涉禽生态园主要展出各种鹤以及黑鹳等涉禽。几只戴冕鹤平时总是形影不离;丹顶鹤一向清高自傲,昂首漫步于山坡、草地之间,体态优美;夜鹭、小白鹭,个小体单,高居枝头。此外还常有喜鹊、灰喜鹊等野生鸟类驻足。涉禽生态园外围有一个宽约3米,水深近1米,内低外高的自然

我和它的动物园

隔离带；人工堆砌成高差4米的山坡，沿坡建成了一条长20多米、使用循环水的溪流。通过各种植物高低错落、疏密有致的搭配，使整个展区与周围环境有机地融为一体，呈现湖岸沼泽的景观效果，溪流蜿蜒、溪水叮咚，一年四季唱着和谐悦耳的歌曲，温柔而欢快地流着，使动物仿佛置身于大自然之中。小溪潺潺流淌的声音，使静静的生态园产生了一丝动感，更增添一缕生机。

• 天鹅湖

　　建于1954年的上海动物园天鹅湖面积近3.3公顷（近50亩），是由几个天然水塘开挖连成的，因首先饲养天鹅而得名，一座三孔桥南北横跨。湖东一座琉璃绿瓦的四角亭，与西面鸳鸯榭遥遥相对，临水倚栏，观赏水禽、飞鸟，尤其每天鹅鹕在上空盘旋，令人神往。湖中五个小岛均栽植黑松、柳树、桑树、水杉、池杉等供游禽栖息、产卵，湖的四周密布荻草、花芦、倭竹、紫穗槐、麻叶绣球、紫薇等植物繁密昌盛。站在三孔桥上眺望远处，水杉、香樟、雪松、柳树形成了优美树线，幽邃深远、野味无穷。冬夏春秋景色多变，耐人寻味。天鹅湖开阔、水清、千鸟栖息，静中有动，动中有静，声、色、影、光融为一体，不仅使人流连忘返，而且把野鸟留住。如作为迁徙鸟类的夜鹭在经过上海动物园天鹅湖时，感觉这里环境特佳就决定留下来，如今已在此定居多年并繁殖后代。天鹅湖东南面为一鸳鸯生态展区，数十对鸳鸯在此形影不离，双宿双飞。

- **鹦鹉展区**

    于 2000 年建成的，位于大转盘下，是用木制的围栏圈起来的，面积大约有 100 平方米。设计建造时，利用了周围的自然环境，特别是高大、挺拔的大树，可以为鸟类遮阴，充分体现了人、动物、自然三者的有机结合。由于坐落在主干道旁，游客从旁边经过时，就会被这些鸟类吸引过来。

    整个展区置于自然环境之中，配以南美特色的遮阴架和树枝搭建的栖架，各种颜色各异的鹦鹉伫立树枝上，如绯胸鹦鹉、凤头鹦鹉、红绿金刚鹦鹉等。通过低矮的木栏杆将展区内外象征性地分隔，形成人-动物-自然和谐的微缩景观。

- **火烈鸟展区**

    于 2002 年建成的，坐落于天鹅湖的东边，面积有 200 多平方米。这个展区完全采用了流行的视觉无障碍设计理念，游客可以近距离地参观可爱的火烈鸟。火烈鸟生态展区内种植了高大树木和草本植被，茂密的枝叶为它们遮挡夏日酷热的阳光。展区中有一大水池，平如镜面的水面倒映着火烈鸟美丽的身影，十分美丽。火烈鸟可在其间觅食、漫步，最有趣味的是它们采用"金鸡独立"式休息时的群体景观。

我和它的动物园

- **企鹅池**

建于1996年6月。以通过玻璃与游客隔离的室外活动场为主,展面长12米,宽7米,总面积180平方米;16平方米的室内展览场地用于抵御恶劣天气对适应地温的企鹅的不利影响。模仿企鹅自然生态环境,室外活动场由水池、活动地坪、岩山组成。水面高出参观地坪1米,展面为玻璃,游人能观察到企鹅水下活动时英姿。现在展出活泼可爱的小型斑嘴环企鹅。

- **进入式鸟园**

建成于1998年,位于企鹅池的北面,总建筑面积有500平方米。整个展区分为东西两个独立的部分,分别饲养不同类别的鸟类。展区的设计完全采用生态化方法和理念,体现了动物与环境和谐相处的氛围。在进入式鸟园高达10米的网笼中,数十种鸟类自由生活在其中,如各种噪鹛、八哥、灰椋鸟等鸣鸟,以及白鹭、牛背鹭、美洲红鹳、原鸡等。鸟园种植丰富的植物,造就移步换景的景观。脚边溪流中潺潺的流水,身边鹭鹳或岸然伫立,或引吭高歌,树丛中小鸟欢呼雀跃。

- **孔雀苑**

建成于2001年,位于天鹅湖的东侧,是一个完全开放式的展区。面积有900平方米,苑内种植了高大的树木,并且铺上了草坪,为整个环境创造出了和谐、自然的生态氛围。在具有亚热带风光、完全开放式的孔雀苑内,蓝孔雀和白孔雀每天早晨步出小木屋,沐浴在阳光下,漫步于竹林中,与游客共度美好时光。游客可以进入其内,近距离观赏鸟类,也可亲手饲喂这些鸟类。每到春季,雄孔雀不时展开它们美丽的尾屏,让游客们大饱眼福。

- **鸸鹋展区**

2002年建成,位于爱心亭的对面,面积大约400平方米,是进入鸟类展区参观的第一站。

整个展区采用视觉无障碍设计的新理念和技术,为完全开放式动物生态展区,没有冰冷的铁栏杆,代之以绿篱分隔。游客不仅可以近距离地欣赏鸸鹋的活动,而且可进入鸸鹋活动区,拉近了人与动物的距离。游客还可以亲手饲喂鸸鹋,陪同鸸鹋在面积达10万平方米的草坪上自由地散步。

- **金鱼廊**

金鱼廊始建于1972年,前半部为回形廊,廊东面紧靠水池并接一水榭,中间天井有一大型水石盆景,西面是弧形廊,向北凸出有三个展馆,馆间有假山、修竹、山石瀑布相隔,具一馆一景的情趣,弧形廊的南面为一喷水池,末端接一圆形廊,廊中间为一圆形展箱。该廊的形式、色彩、层高的变化使之活泼而和谐,建成之后曾获得特色建筑奖励。

为了配合园容整改,上海动物园于2003年3月对金鱼廊进行了大规模的改造。游客在参观新金鱼廊展区时,首先由4只新颖别致的卡通鱼缸迎客,随后一幅大型砂岩浮雕展现眼前。踏上建筑台阶时,游客会不经意间发现脚下有波光流转,原来这是一组地埋鱼缸,朵朵鲜活的动物之花在脚下游动。廊内有长达4米的巨幕墙缸、形态各异的转角缸、凹凸缸和柱形缸,而假山瀑布与扇形鱼池通过由鱼眼石饰面的小溪相连。小溪流水潺潺、锦鳞悠悠,游客可却步俯身与小鱼同乐。游客步出室内鱼缸,可欣赏由一个直径3米的特大鱼缸和9个小圆柱缸组成的一组大型室外鱼缸群。

- **蝴蝶馆**

1999年4月建成,为大陆动物园中首座开放式活体蝴蝶馆。总建筑面积约600平方米,以通道与两栖爬行动物馆生态厅连接。本馆包括放飞厅和饲养室,其中放飞厅近300平方米,屋面与南北墙上半部采用真空玻璃结构,厅内为立体绿化,种植热带植物,并与假山、瀑布、溪流、小桥巧妙组合,地面主要种植蜜源植物,满足放飞蝴蝶的取食需要。除了放飞蝴蝶,该馆还展出智利毒蛛、巨型蟑螂、竹节虫、巨型锹甲等活体昆虫。

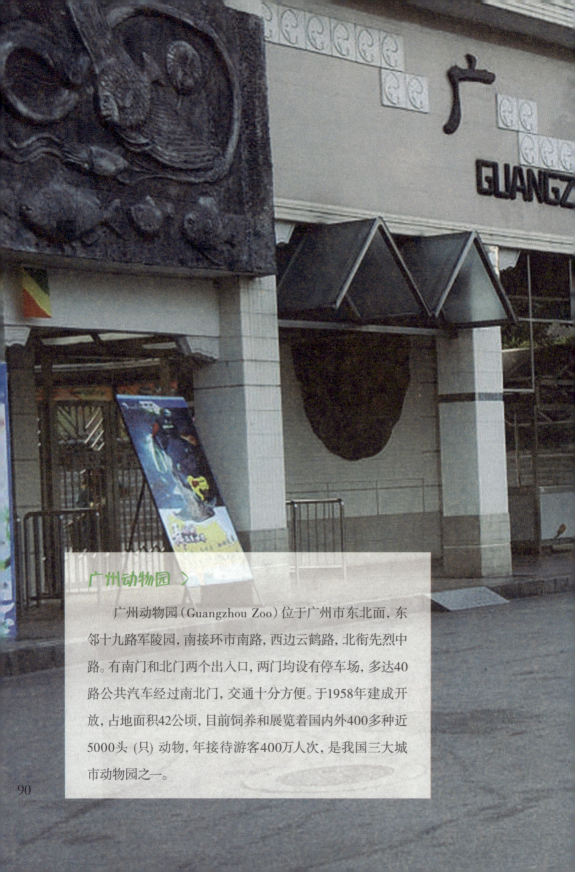

广州动物园

广州动物园（Guangzhou Zoo）位于广州市东北面，东邻十九路军陵园，南接环市南路，西边云鹤路，北衔先烈中路。有南门和北门两个出入口，两门均设有停车场，多达40路公共汽车经过南北门，交通十分方便。于1958年建成开放，占地面积42公顷，目前饲养和展览着国内外400多种近5000头(只)动物，年接待游客400万人次，是我国三大城市动物园之一。

• 景点和项目

近年来,广州动物园陆续开发了多个引人入胜的景点和项目,其中包括我国最大的陆上海洋馆,我国最大的蝴蝶生态园,国内独创新颖别致的户外观赏鱼展览园——锦鳞苑和惊险刺激的驯兽表演。最近隆重推出"动物进食大观"和"猴山新貌"等项目,游客们可目睹河马狂张大口、大象巧用长鼻和狼吞虎咽的情景。猴山经过改造面貌焕然一新,猴群超过100只,经常演绎猴王争霸的场面,个中的精彩游客们可亲自体会。

此外,园内设有中餐厅、快餐厅、小卖部、旅游纪念品商店和游乐场的多种游乐项目,可以满足游客休闲、饮食、购物、娱乐等需要。

我和它的动物园

• 园内环境

广州动物园同时亦是一个植物展示的园地。全园种植的树木有 200 多种，10 万多株，绿化配置多选用最具热带风光的树种，并采用自然式的组群丛植，使全园充满热带亚热带情调，构成一个山清水秀、绿树成荫、格调新颖、景色宜人的优美环境。

广州动物园经 50 余年的发展，现已成为一个以展览动物为主，游乐、饮食服务配套的综合性游览场所。在布局上，北部的麻鹰岗顶为猩猩馆、狒狒和山魈馆等灵长类兽舍，南坡设置中小型兽笼，西南坡有熊山、狮山、虎山、河马池等。与麻鹰岗隔湖相望的大片山岗地上，分布着猴山、熊猫馆、大象房、长颈鹿馆、犀馆、斑马馆、鹿舍等。麻鹰岗下，有 3 个景色秀丽的人工湖，水体面积 17000 平方米，并建有 5 个风光绮丽的小岛，放养丹顶鹤、白天鹅、鸳鸯等数 10 种涉禽和游禽。由于环境胜似天然，不少动物在岛上繁衍了后代，大批野生鸟类亦在此留居、栖息。在动物园四周边缘上，建设了几个颇具特色的园中园。盘龙苑在动物园的东北部，展出两栖、爬行、鱼类等近 200 种动物，苑内迂回曲折,湖光掩映,环境清幽。位于园西南部的飞禽大观,有鸟类100多种,该园具有浓郁的庭园风格,笼舍新颖别致,有一大型可进入式鸟笼,颇有自然意趣。

地处园东部的逗趣园主要为少儿而设,通过触摸和饲喂山羊、矮马、驴等温驯可爱的动物,培养小游客对动物的热爱之情。

改革开放以后,广州动物园解放思想,大胆实践,勇于创新,打破了经营上单一展出动物的传统模式和依赖国家拨款的旧框框,实行以动物为主业,综合经营为辅的办园方针,社会效益、环境效益、经济效益取得丰硕成果。由于成绩显著,历年来,广州动物园分别被建设部和中国动物园协会授予全国"十佳动物园"光荣称号,获得过"广东省旅游优质竞赛先进单位"、"广州市文明单位标兵"等名誉。

为适应广州成为国际大都市的要求,给广大游人提供一个更清新优美的游览和休憩场所,广州动物园正按"科技兴园、提高素质、效益体现"的发展新思路,努力把本园建成在饲养管理、绿化配置、园容园貌等方面处于国内同行先进水平的一流动物园。

我和它的动物园

• 动物展区

广州动物园共有选自全国和世界各地的哺乳类、爬虫类、鸟类和鱼类等动物450余种，4500多头（只），其中不少属于世界珍禽异兽。属于国家一类重点保护动物，有大熊猫、金丝猴、黑颈鹤等35种，属于国家二类重点保护动物的有小熊猫、白枕鹤等32种。该园在动物驯化和人工繁殖方面颇有建树，成绩卓著，有些在国内外同行中处于领先地位。如大象、黑猩猩、长颈鹿、斑马、袋鼠、东北虎、华南虎、黑天鹅、鸸鹋、河马、丹顶鹤、白头鹤等，已在园内繁殖了它们的后代，特别是白头鹤人工繁殖成功以及丹顶鹤一年孵两窝，创下了我国白头鹤及丹顶鹤繁殖的新纪录。

- **布局分区**

- **亚洲象"跃龙""曼玲"**

鹿馆、犀牛馆、斑马房、鹿舍等。这里是猛兽圈养之所,庞然大物群集之地,因此非常刺激、震撼,飞禽大观,有各种飞禽 100 多种,叽叽喳喳叫个不停,似乎是在欢迎游人的到来。令人喜爱的孔雀,也常常打开美丽的尾屏,给人吉祥如意的祝福;盘龙苑在动物园的东北部,展出的两栖、爬行类、鱼类动物近 200 种,还兼养海豹、鸳鸯等。水族馆中最吸引人的是美丽活泼的金鱼和色彩斑斓的热带鱼。这些热带鱼多来自外国,不但色彩艳丽,而且有的形状十分奇异,极具观赏性。

广州动物园近年增设了"驯兽表演"、"逗趣园"、"欢乐世界"等游乐项目,形成了园中有园、各得其乐的格局。逗趣园是专门为游人提供与动物接触、逗趣的地方。游人在这里可与山羊、驴、白兔等动物共舞,游兴大增,一扫在动物园只能观赏不能接触的遗憾,寻回许多童趣与天真。

- **广州海洋馆**

广州海洋馆位于广州动物园内,1997 年起对游人开放,是一家集游乐、观赏、科研、教育多功能为一体的,以陈列展览海洋鱼类为主要特色的蓝色海底世界。

海洋馆占地面积为 1.5 万平方米,馆内放养着 200 多种鱼类及其他独特罕见的海洋生物。主要的景观有:海底隧道、深海景观、18 米长的热带珊瑚缸、珍品缸、触摸池、淡水世界、锦鲤池、鲨鱼馆、海狮乐园等,令游人眼界大开,乐而忘返。

建筑外形独具一格的广州海洋馆,是个多功能大型高科技展馆。全馆分多个区域全方位展示海洋世界,包括:如临其景的海底隧道,五光十色的深海奇观、飘飘渺渺的海藻缸、玲珑辉影的珍品缸、生机

我和它的动物园

盎然的热带雨林、生动有趣的触摸池、惊险刺激的鲨鱼池、悠然自得的海龟池、冰天雪地的企鹅馆、寓教于乐的科普厅、精彩纷呈的海洋剧场、逗趣可爱的海狮乐园和独具特色的海洋广场等，这些展区特色鲜明，生动有趣，按照不同海洋生物的生态环境、生活习性、种类品种等进行规划布局，大大小小的缸内展示着来自世界各地的千奇百怪、珍稀罕有的海洋生物几百种，真实再现了神秘莫测、变幻万千、绚丽多姿的海洋世界。

广州海洋馆目前是世界上第一个最大的内陆海洋馆。为保证全馆的海洋生物能在一个人造的海洋生态环境中生存，无论在展示材料、海水合成、维生系统和机电配套等方面均采用了先进的工艺技术和材料。广州海洋馆是一个集游乐、观赏、科研和教育为一体的多功能大型高科技展馆，占地面积约1.3万平方米，是"全国科普教育基地"、"广东省青少年科技教育基地"和"广东海洋科普教育基地"，不仅是人们赏心悦目的旅游景点，更是提高公众海洋文化素质，加强海洋生态保护意识的科普基地。

● 猩猩馆

猩猩馆于2006年3月正式动工改造,年底正式开放。原猩猩馆只有几座破旧的铁展览笼,而且面积比较小,新的猩猩馆面积约3000平方米,其中园林式运动场有2000平方米,展区分为室内玻璃展厅和室外展览场两部分：室内展厅首层建有8间动物空调休息内室和2间可以"零距离"观察猩猩的玻璃展厅,材料采用加厚四层夹胶安全玻璃；二层观景台为游客提供在高处观察动物生活习性的新视点。景观主立面采用大型石山悬崖瀑布为主景,配置原始山林式的攀藤植物,设置原木凉棚栖架等,营造出一个生态化自然式的猩猩栖息地。园林式的动物运动场采用壕沟、电网的形式隔离,动物展示与山水相融合,形成丰富的生态景观。猩猩馆建成后成为了北门入口景观的新标志。该项目在2006年度广州市公园管理"红棉杯"劳动竞赛检评中被评为"优秀景点"。

● 袋鼠馆

袋鼠馆设计使用了最新的设计手法,在笼舍内增强园林特色布局,并且根据动物特性,在动物运动场上建造木栈道,合理采用玻璃栏杆,使游客更容易观赏该区域内的动物。对运动场内外进行绿化布置,增加屋面绿化,这种自然装饰使笼舍生态化的特点更为突出。

聪明、活波的袋鼠跳跃在宽阔、绿茵茵的草地上更加显得可爱,游客可以在栈道上向下观赏,充分地了解袋鼠宝宝,该馆于2006年重新建造,已经对外开放。

● 鸟类展区

坐落于公园中西部,占地约8000平方米的鸟禽类展览场所——飞禽大观景区工程经过半年多的改造建设,于2006年"五一"前建成并全面开放。该景区环境优美,让游客在节日期间除了能够参观各种飞禽鸟类,还可以欣赏到休闲优雅、生态新颖的园林环境,享受大自然景观。

● 蝴蝶馆

蝴蝶馆位于公园的东北角,面积为1250平方米,是目前国内最有特色的生态蝴蝶园。充分运用岭南造园手法,创造一个大自然的美景,别致的河马石卧在门前欢迎贵宾,荷花池中的涌泉和水雾装置带您进入山水瀑布和云雾仙境,各种鲜花造型和多种植物的配置体现了热带雨林的美丽景色,充满了诗情画意,让人如入仙境。

我和它的动物园

- 园内景点

锦鳞苑 Goldfish

位于动物园内河马池旁。苑内展出来自世界各地的名贵鱼近百种，数量1万多尾。苑内还可享受钓鱼、钓龙虾的乐趣，是孩子纯真体现的乐园。"锦鳞苑"荣获大世界吉尼斯之最。

驯兽表演 Animals Performance

由狮子、老虎、熊、猴子、山羊、小狗、马等动物在驯兽员的指挥下进行各种精彩的杂技表演。令观众体会动物的"聪明能干"，增添生活乐趣。

恐龙世界 Dinosaurs World

侏罗纪恐龙世界以当代恐龙研究的部分成果为内容，以现代科技为依托，向观众展现了一个生机勃勃的恐龙世界，给观众以科学的启迪。

优秀草坪 Excellent Lawn

位于猴山脚下的山坡上，全部由大叶油草铺成。中央用有色植物砌成广州动物园的园徽。被广州市政园林局评为优秀草坪。

湖中景色 Lake Scenery

在广州动物园的中部共有三个湖，湖中有喷泉，有动物栖息的小岛，湖上有许多放养的游禽类动物，自由自在地游来游去。湖边多处建有亭阁，风景优美。

欢乐世界 Happy World

位于游乐场和恐龙大世界的旁边。是一座童话世界般的建筑物。风格别致，有异国情调。

> 张远山与《人文动物园》

张远山先生笔下的《人文动物园》和观光城市动物园一样，都可以让人轻松愉快，增长见识，也都可以让咱多见识一回人类的老朋友（如马、喜鹊、熊猫）、老前辈（如猩猩、猴子、乌龟）、老对手（如狼、老虎、兔子）或老相好（如狗、鸽子、狐狸）。张远山借鉴了他笔下这些生命自由不羁的天性，笔墨上天入地，思绪碧落黄泉，想象扶摇三千，遂使得这本充满阅读快感的小书，同时也成为一种尼采意义上的哲理寓言。在作者所有貌似嬉笑怒骂的文字背后，都隐含着某种坚实的理性判断。

张远山笔下的的长颈鹿有着"令人晕眩的美丽"，如同"宋代的碎花青瓷：优雅，名贵，易碎"，此外，"她"还是"阿波罗的缪斯，一位诗人"。而"比目鱼是艺术家"，"骆驼是朝圣者"，蝙蝠则是"哲学家"。关于蛇，作者几乎放弃了任何形象描述，只是妙语解颐地指出：它是人类的属相。于是我们发现，在"人文动物园"里，所有的动物其实都是人物，所有的人物也都不妨是动物。因此，借助一种破除物障的佛性眼光，作者遂幽默地将"网虫"、"克隆人"和"上帝"与大象、老虎、蚊子一起陈列在自己的动物园里。动物与人物的外在藩篱消失了，思维与想象的学理界限失踪了。

一百种动物如天花乱坠，待飘落到读者眼前，却已"似花还似非花"，我们感觉到对世事万象的理解，已经焕然一新。

我和它的动物园

● 动物园里的"小秘密"

动物园里的动物如何过冬

动物园里怕冷的动物有长臂猿、黑叶猴、松鼠猴、大象、黑天鹅、鳄鱼、蛇、犀牛等,其中最怕冷的要数国家一类保护动物长臂猿了,在长臂猿馆里,它们暖和的小床上面有厚厚的棉被,还有热水袋,它们可以在房里蹦来蹦去。

大象因为体积庞大,比较难对它保暖,动物园只能在圈大象的栏杆外烧起炭火给它们取暖。美丽的黑天鹅没有攻击性,只需在房里放上取暖器就可以了。冬眠的蛇在暖气房里乐不思蜀,一改冬眠的习性,蠕动着身子寻找食物,并做些健身运动。笨重的犀牛住在动物园的仿真草房里,全身披着铠甲似的厚皮,"床"上垫了可以保温的木板,特别厚。

而那些不怕冷的动物过得尤为惬意,海狮、狮子、虎、豹等非常活跃。有了动物园的精心照顾,所有的动物都能够把冬天当作春天过了。

动物园里的动物会做梦吗

科学家经研究得出了结论：大部分爬行动物不会做梦；鸟类都会做梦，不过大多数种类只做短暂的梦；各种哺乳动物，如猫、狗、马等家畜，还有大象、老鼠、刺猬、松鼠、鼠、狳、蝙蝠等都会做梦，有的做梦较频繁，有的则少些；鱼类、两栖动物和无脊动物都不会做梦。

人在做梦时，呼吸浅促，心跳加快，血压上升，脑血量倍增，脸部及四肢有些抽动。这时，用眼运动计可测得其眼球在快速转动，而脑电图上必然同时出现快波。因此，一般说来，"快速动眼"加上"脑电图快波"可作为做梦的标志。

用上述方法对一些动物进行测定，青蛙在睡着的时候，只有少数慢波曲线，没有"脑电图快波"和"快速动眼"期，所以可以确定蛙是不会做梦的。乌龟在睡觉时有"快速动眼"和"脑电图快波"，不过时间很短，只占睡眠时间的2%。由此可以确定，乌龟有极少的做梦时间。猫、狗、猴都会做梦，梦境较长，其中猴子最长，狗次之，猫最短。

研究动物做梦是一个饶有兴趣的问题。动物做梦，它们到底梦见了什么？人们极想搞清这个问题。然而动物不会说话，无法告诉我们，这确实是个难题。

美国科学家对猴子进行了这样的实验：在一只猴子面前设置一个屏幕，屏幕上反复出现同一个画面；每当屏幕上映出这一画面时，就强迫猴子推动身边的一根杠杆。如果猴子拒绝执行，就用电棍击它。过了一些日子，猴子就形成了条件反射：它一看见那画面，就主动去推杠杆。后来，科学家发现，这只猴子在睡眠中也会不时地去推那杠杆。这表明猴子在睡梦中"看见"了那画面。

法国生理学家波希尔·诺夫用猫做了一个很有趣的实验。他用化学和手术的方法阻断了猫的大脑中一个叫作"脑桥"的部位。这样做的结果是，猫梦见了什么，就会按梦境去行动。这只猫经过手术之后，在熟睡中忽然抬起头来，四处张望，然后又起来绕着圈子走，好像在寻找食物。突然它举起前爪，双耳紧贴在脑袋上，对假想之敌猛扑过去。诺夫还把两只动过手术的猫关在一起进行观察，发现原来和睦相处的两只猫，睡着睡着突然打起架来。为了证明这些行为是在睡梦中做出的，诺夫故意在猫身旁撞击物品发出声响，甚至将老鼠放在它们身边。可是，两只猫对周围发生的一切事态都无动于衷，它们继续攻击对手。诺夫认为，这两只猫是在与梦中的敌手交锋。猫是会做梦的，可是每次做梦的时间不超过5分钟。

动物为什么会做梦？动物学家们至今还没有找到一个理想的答案。

我和它的动物园

近亲繁殖曾致物种全部死亡

近亲繁殖致某物种全部死亡是动物园曾经的痛。1987年时，武汉动物园的1公2母3只黑叶猴，不断近亲繁殖，最终相继去世了。去年9月，动物园又引进了一批黑叶猴。为了避免重蹈以前的覆辙，武汉动物园和全国其他兄弟动物园互动，交换动物，让黑叶猴不再近亲繁殖，以有利它们血缘和种群的持续。

当动物园地震时

5.8级的地震让史密斯尼国家动物园震感清晰。好在所有的动物、员工以及游客都很安全。动物护理员们注意到了地震时动物行为的变化。

大型猿类：大约地震前5到10秒，很多类人猿扔掉了它们的食物，爬到了展馆内一个类似树结构的建筑顶部。大约地震前3秒，大猩猩发出了一声尖叫，召集了它的孩子爬到了树建筑的顶部。大型树栖类猩猩开始了"嗳气式的吼叫"，这是一种通常在它极度愤怒的情况下发出的不高兴或者沮丧的声音——从地震要开始前一直到地震进行中这种声音一直没有断过。

我和它的动物园

小型哺乳动物：红颈毛猴在震前15分钟左右发起了警报，在地震发生后再一次尖叫警示。吼猴们在地震刚发生不久就发起了警报。黑棕色的巨大象蜷躲在它们的藏身地，拒绝出来享用午饭。

爬行动物：所有的蛇们在地震中都开始扭动起来（美洲腹蛇、棉口蛇、巴西水王蛇等等），通常它们在白天都是不动的。

海狸：海狸们停止了进食，紧张地站着，四处张望，然后跳进了水里待着。

大型猫科动物：地震前狮群是在户外的。它们安静地站着，注视着大楼，地震的发生使它们有所惊恐。但几分钟后就恢复了平静。苏门答腊虎在地震发生的一刹那，惊恐地跳了起来。地震结束后，立刻恢复了正常。

鸟屋：动物园里的火烈鸟地震前到处成群地飞、聚，地震发生后，它们还是如此。

牧场：地震时，所有的坡鹿和毛冠鹿快速地逃出了畜棚，显得很不安。普氏野马和弯角羚几乎没有意识到。尽管这些动物最终从圈里缓步地溜达到了外面，就在地震发生的一霎，母的坡鹿群发起了警示性的呼叫。

动物园如何搬家 >

• **夜间搬家防动物中暑**

　　动物园内，列入第一批搬家的动物是已有的动物。到9月中旬，气温也不是那么高，可以避免动物因天热造成情绪不稳定而受到伤害。并且，所有动物搬迁都将选择在夜间进行，一是防止动物中暑，二是避免动物看到花花绿绿的世界而受到刺激。

• **"听话"的动物先搬新居**

　　动物的情感非常丰富，搬到新家以后，面对崭新的生活环境，动物心理也会产生变化。因此，要先将那些比较温顺、适应环境能力比较强的动物搬进新园生活，让它们在新的环境里彼此适应和接受对方。对于那些"肝火"较旺、爱打斗厮杀的动物，要先将它们进行隔离，等它们"心平

我和它的动物园

气和"后,才能够与其他动物放在一起"慢慢融洽"。要不然,那些脾气火暴的动物会挑起争斗,容易造成动物之间彼此的伤害。并且,如果先将比较温顺、适应环境能力比较强的动物搬进新园生活,它们就可以在新的环境中"抱团"形成一个整体,即使后搬进去的动物"闹事",也找不到对象和机会。

- **"情敌"和"仇敌"不同车**

在对动物进行编组装车时,将使相互熟悉、彼此怜惜的动物同车,而不会把动物之间的"天敌"、"情敌"、"仇敌"编在一起。同时,运输动物最高时速也必须控制在50公里以内。动物搬迁时,每辆车都配押运员,并派兽医按应急预案要求备好所需器械药品,以保平安。

无论是在动物园或野外，动物的装运历来至关重要，如果处理不当，将会造成动物的伤害或死亡事故。鉴于此，国际航空运输公司（IATA）颁布了有关动物的装运条例。条例详细规定了各种动物的运输和笼箱制作的要求。

在装运动物时必须考虑的几个关键因素：

1.笼箱尺寸：必须兼顾动物的习性，给予必要的空间余地。

2.通风装置：为避免动物在货舱中憋死或在机场阳光下太热，笼箱两边或四周一定要有通风孔或纱窗，对鸟类和其他易受惊吓的动物，通风口则必须覆盖一层麻布类的东西，这样既能保持通风透气，又能避免这些神经质的动物看到外界景象。

3.防止粗暴搬运：必须贴有活体动物标签和设置把手。

4.猛兽笼箱必须有安全保障。

5.大型笼箱最好用铲车来搬运。

6.必须满足任何特殊的要求，栖木鸟类需要有充分的、适当的栖架。所有鸟类的箱底，必须铺垫麻袋布或刨花，以便鸟儿立足，还能吸收溢水和粪便的潮气。运输火烈鸟还必须有托网支撑火烈鸟的身体。

7.国际航空运输公司（IATA）所颁布的动物装运条例，是根据濒危物种贸易公约的具体要求而制定的。所以每个动物园运输动物，都应熟悉这些要求。

8.在国际间运输动物时，动物的重要文件濒危物种允许出口证明书和检疫证明书必须作为随机文件交运。

斑马为什么把长颈鹿当成好朋友

动物混群生活的前提是没有食物上的竞争。此外，斑马和长颈鹿在一起还有一个好处，斑马的嗅觉非常灵，很容易发现附近的敌害；长颈鹿可以看得很远，它们在一起是互利。

野山羊和火鸡的友谊

野山羊与火鸡结成"好友",彼此受益。野山羊在离火鸡不远之处休息,机灵的火鸡充当着野山羊警卫员。冬天大雪封山绝粮之际,野山羊用蹄子拨雪寻食,火鸡乘机共餐。

我和它的动物园

动物的尾巴

袋鼠的尾巴又粗又长，长满肌肉。它既能在袋鼠休息时支撑袋鼠的身体，又能在袋鼠跳跃时起帮助袋鼠跳得更快更远。一旦遇到紧急情况，袋鼠在尾巴的帮助下能跳出10米多远。

鹿的尾巴又小又短，然而它却是重要的报警器。当危险靠近鹿群时，首先发现敌害的鹿会竖起尾巴，露出下面的亮点，向同伴发出警报。鹿群一接到警报就会马上逃离。

人们常说兔子的尾巴长不了，其实，兔子的短尾巴可以在紧急情况下帮助兔子逃命。当兔子被猛兽咬住时，兔子立刻使用"脱皮计"，将尾巴的"皮套"脱下，从而赢得逃命的刹那间。

鸭嘴兽的尾巴毛茸茸的，并且又粗又壮，里面积蓄着很多很多的脂肪。当冬季来临时，充满脂肪的粗尾巴能帮助它御寒，并提供必需的营养。

草原上奔跑的骏马，尾巴向后飘逸，神气极了。在奔跑时，马的尾巴起了很好的平衡作用。平时马儿又将尾巴当作"苍蝇拍"，左抛右甩地驱赶对它发起攻击的蚊子、牛虻和马蝇。

家鼠的尾巴是爬行的好帮手，可以帮助它沿着墙壁从这儿爬到那儿。家鼠甚至还能用尾巴勾出瓶子中的糖浆或奶油，然后收回尾巴品尝这些美味佳肴。

最有趣的是猴山上的猴子，尾巴是它的"第五只手"。猴子利用尾巴在树上窜来窜去，有时又用尾巴攫取食物。

小松鼠睡觉时用尾巴当作棉被盖在身上；啄木鸟用凿子样的嘴巴寻觅树干中的害虫时，用结实的尾巴作为重要的支撑物。

最没有用的当数猪尾巴，又短又小，只能作为小摆设而已。

河马是怎么睡觉的

河马长期生活在水里,甚至在河里生育小河马,在水里给小河马喂奶。只有到夜深人静的晚上,它才慢吞吞地爬上河岸,把岸边的植物大吃一顿,再回到河里去休息。

河马连睡觉也是在水里的。可是,它是一种需要呼吸氧气的哺乳动物,不可能低头在水下睡上很长时间。难道河马有超乎寻常的水下"憋气"功夫?还是水能托起河马那大得惊人的脑袋?

河马睡觉的姿势真是"别具一格":它在水中睡觉时,会把大嘴巴搁在另一只河马宽大的背上,一群河马就这样相互依靠,好像"多米诺"骨牌一样。久而久之,河马即使在陆地上休息时,也习惯地把下巴靠在树桩或者大石头上。

河马的这种睡觉姿势,在其他动物中很少见。一般来说,马通常都是横躺下来,舒舒服服地睡上一觉。但如果只是小憩一会儿,马也会垂下头颈,把下巴靠在地上,站着睡上几分钟,这和河马的睡觉姿势有点相似。

我和它的动物园

为什么动物园里的天鹅不会飞掉 >

当我们去动物园玩时，经常可以看到成双成对的白天鹅在宽阔的湖面上悠闲自得地游来游去，它们还会尽情地展现自己美丽的身姿，吸引游客驻足观赏。天鹅是一种善飞的鸟类，为什么它们会在动物园安居下来，不远走高飞呢？

原来，鸟类能够飞翔是因为它们拥有了翅膀和羽毛。鸟类身上的羽毛真正具有飞翔功能的是飞羽和尾羽，飞羽长在翅膀上，尾羽则长在尾部。飞羽分初级飞羽、次级飞羽和复羽三种，它们由许多细长的羽枝构成，各羽枝又密生着成排的羽小枝，羽小枝上有钩，把各羽枝连接起来构成羽片，就像一面密不透风的挡风板。起飞前，鸟儿不停地扇动翅膀，使周围空气流动，在气流的推动下鸟儿就可以展翅高飞了。如果没有飞羽，那鸟儿就失去了飞翔的能力，生活在非洲的鸵鸟尽管跑得很快，却因为没有飞羽而无法展翅蓝天。

根据这个道理，被送到动物园的天鹅首先会被拔去飞羽，幼鸟则要割去指骨或腕掌关节，使飞羽无处着生。没有了飞羽，翅膀扇动无力，天鹅就可以在动物园里安家落户了。

动物的死亡

即使面对死亡，有些动物也会比其他动物更加怪异。澳大利亚的蟹蛛，子女会吃掉自己的母亲。小蟹蛛一旦破卵而出，就开始吸吮母蟹蛛的腿，直到母亲完全干涸。南美洲的有些鱼类在产卵或交配后就会死亡，而章鱼也会如此。但我们发现，如果切除章鱼的生殖器官，章鱼就能活得很久……虽然会觉得无聊，没有伴侣。

如果非要说哪种动物对人类最危险，我们一定会说是狼、熊或蛇。但事实却藏在一对温柔的眼睛背后。与其他动物相比，白尾鹿对人类的危害最大，因为由它引起的交通事故最多。说到会骗人的面孔，有一种动物比鲨鱼更加危险。据估计，目前每年因鲨鱼而死亡的人数仅为10人，而每年会有100人被牛踩死。

死亡是生命的事实，事实证明，所有哺乳动物在死亡之前的心跳总数都可达到近10亿次。老鼠死前的心跳接近10亿次，但它的寿命只有850天。而大象则有75年来分配如此之多的心跳数。人类是个例外，是唯一一生的心跳总数可达30亿次的哺乳动物。

俗话说，分享是一种生活方式。有些动物把这句话太当真了，例如，土拨鼠。目前所知土拨鼠最大的族群分布在美国的得克萨斯州。在长402千米、宽160千米的领地内，栖居着大约4亿只土拨鼠。

如果这个数字令人叹为观止，那另一个数字更是个天文数字。事实上，有1000亿亿只昆虫生活在地球上。这实在是不可思议，但推算出这个数字的人显然更不可思议。

我和它的动物园

"漂浮"野生动物园

随着城市化进程的加快和污染问题的日益严重，野生动物的生存环境正逐渐恶化。在寸土寸金的都市里为野生动物建设开阔的栖息家园几乎是奢望，但据英国《每日邮报》报道，荷兰著名"漂浮屋"设计师科恩·奥瑟斯就推出了他的解决办法：设计一款水上漂浮公园，可以为多种野生生物提供良好的栖息环境。

科恩·奥瑟斯创办的建筑事务所Waterstudio一直致力于宣扬绿色环保的生活理念，建设水上漂浮建筑以应对全球气候变化。科恩此次设计的水上漂浮公园分为水上和水下两个部分，两部分均被分割成了多个不同的层次。

漂浮在水面以上的部分呈上大下小的火炬状，可栽培各种绿色植被，并为鸟类、蜜蜂、蝙蝠、水禽等小型动物提供一个天然的栖息地。而浸没在水面以下的部分则呈塔状，在当地气候条件允许的情况下可培育人工珊瑚礁，供小型水生生物栖息。

据介绍，水上漂浮公园的建造将使用类似海上钻井油田的建造技术，并由海底缆绳固定。公园的体积大小则可根据所在地水位的深浅来灵活调整。为了保护公园的生态环境，其四周并没有铺设可以登陆公园的道路，人们只能在海岸边观赏这道海上美景。此外，科恩还建议一些海上石油公司为水上漂浮公园的建设投资,以表达他们对于保护城市环境的诚意。

"随着城市的建设,陆地资源已经变得越来越稀缺,越来越昂贵。因此生活在城市里的人们很难再找到一片可供他们休息和观赏的绿地。"科恩说,"此次我设计的这款水上漂浮公园秉承了Waterstudio一贯传承的环保理念,不必占用昂贵的陆地资源就可以为城市景观增添一抹绿意,还能够为其他生物提供良好的生活环境,可以说是一举两得。"除此之外,科恩还设计过许多别出心裁的水上建筑,例如漂浮公寓、漂浮岛屿、漂浮高尔夫球场等。这些水上建筑大部分可以在水陆两栖使用,且装配简单,节能环保,引起了许多人的关注。目前,Waterstudio建筑公司已宣布即将在两年之内将水上漂浮公园的设计理念付诸实施,并表示已有一位神秘客户对该项目十分感兴趣。

我和它的动物园

● 为游园做准备

动物园游览需注意

1. 孩子要家长全程陪同。遇到熊山、狮虎山这样的游览区，一定注意安全，不要太靠前。

2. 年龄太小的宝宝，正处于发育阶段，所以适合和爸爸妈妈在绿荫下小憩或散步。有些禽类动物的细小绒毛，很容易引起孩子的上呼吸道疾病和过敏。

3. 不要随意投食动物。虽然有的动物是杂食性，但是游客看似好心的投喂，实际是害了它们，非常容易引起动物的疾病，甚至是致命的。

4. 孩子在游览中，看到喜欢或睡觉的动物，不免兴奋地大叫或拍打玻璃。其实，这非常危险。

5. 要为动物拍照，尽量不要用闪光灯，会刺激动物眼睛。如果是马，可能会受惊，暴躁伤人。

6. 对于游览的孩子，家长可以给孩子讲解一些展出动物的特性，在每个笼舍的上面，都有牌子，写得很清楚。如果孩子特别喜欢某种动物，家长可以再买书、光盘给孩子看。

我和它的动物园

动物园设计应该注意哪些问题

我们都把动物园归为休闲娱乐场所,它也属于学习场所。虽然不能太过分强调它的"教育"功能,但是,动物园也不能一点都不考虑教育的作用,只注重消遣,一点介绍文字都没有。所以要两方面兼顾。

动物园的设计形式可以分为三代:(1)把动物单独关在一个笼子里;(2)用铁栏杆把动物围在一个区域里,动物可以在这个区域内自由活动;(3)模拟自然情境,让动物生活在自然环境中。

人们观看不同类型动物的时间长短有以下特点:(1)观看好活动的动物的时间是不活动动物的两倍;(2)动物的大小与游客的参观时间有关系,一般来说,越大的动物,参观时间也越长;(3)动物幼崽更受游客喜爱,观看时间也更长;(4)太多的视觉信息会减少参观时间,很多种类的动物在一起,游客停留的时间会减少;(5)和动物的接触距离决定了停留时间:游客和动物之间的距离越近,停留时间越长;(6)视觉清晰度也和参观时间有关系,照明不足、视觉障碍等都会使观看动物的时间缩短;(7)动物园自然景观的设计也和游客参观时间有关联,有池塘、人造小瀑布等有水的景观,会更受人们喜欢,特别是儿童。

动物园的设计还要考虑到拥挤问题,避免过高的密度,对于一些小动物的生活环境的设计,既要方便参观者观看,距离不能太远,又要让动物能自由活动。总之,动物园的设计要尽量实现使参观者获得乐趣和知识的双重需要。

动物园的安全须知 >

无论是哪行哪业,安全都是放在首位的,何况是在市区里的动物园,居住着狮、虎、豹、狼、大象、毒蛇等危险性极大的动物,安全的重要性是不言而喻的。动物园的安全防护主要是三个方面,一是动物的安全,二是游客的安全,三是饲养员的安全。

被关在馆舍里的动物,被限制了自由,如同监狱里背着无期徒刑的犯人,它们渴望自由,随时随刻都想逃出去,过自由自在的生活,因此,动物园在每个展区或馆舍设计时,就必须考虑到不能让动物逃跑出来。例如,虎山的围墙高度不能低于5.5米,猴山的围墙高度不能低于6米,而且围墙周边不能有直角,大象活动场外围壕沟地面的宽度不少于5米等等。根据每种动物的习性,周密设计建造不同标准安全要求的馆舍。这里面也考虑到了动物的潜能,即动物在受惊吓时跳跃或撞击的爆发力。假设一个正常人奔跑的速度每秒10米,如果他发现有一只狼在后面追他的时候,他每秒的速度可能会提高到2倍以上,当然,前提是他没被狼吓瘫。

游客的安全也是动物园非常注重的大事。许多年来,全国动物园中动物咬伤、抓伤游客的不知有多少起。多年前,在东北一家小动物园,奶奶带着孙子在黑熊笼子旁边看黑熊,一会儿没注意,小孩钻进了护栏,由于笼网失修,黑熊伸出爪子把孩子从铁栏空隙中强行拉进去咬死了。动物园里的很多设施不是防动物而是防游客的,防游客越栏,防游客攀爬,防游客投喂动物,目的是防止动物抓伤游客,也防止游客干扰或伤害动物。

我和它的动物园

爱动物就别随便喂食

• **人兽殊途，各喂其主**

动物园是很多人第一次近距离接触和了解动物的场所，而很多游客为了和动物更亲近，吸引动物到更易于观赏的区域投喂动物，也有一些游客觉得投喂动物是好心，是帮助动物园的动物，这些行为也一直是很多动物园的痛。

我们人进食要合理搭配，要适当，动物也一样。像北京动物园这样管理较好的动物园会根据动物的种类，进行科学的饲料配比和饲喂方式以满足于动物每日所需的营养和能量，饲养员按时给动物喂食，好像人的一日三餐一样。动物园饲料的来源、处理、储藏也有着规范的管理。这些都保证了所饲养动物的健康。

一般动物园里，灵长类动物是被投喂的重灾区之一。我们的灵长类近亲原本大多以水果、树叶、花、嫩芽、种子等为主要食物，一些种类也会摄入少量动物蛋白。像本次事故中的川金丝猴是属于疣猴亚科叶猴族仰鼻猴属，原本主要食用嫩芽、果实、种子、地衣、树皮、花等。这些比较素的饮食结构使得野生的金丝猴每日需要较多的时间进食。动物园一般会为灵长类动物准备水果、蔬菜等食物，但一般仅在上午进行一次喂食。但猴子依然习惯于整日进食，且在有食物的时候尽量多地进食。游客一般会投喂有诱人香味的饼干等垃圾食品或者色彩鲜艳的水果，这些食物我们爱吃，我们的灵长类亲戚也无法抵挡其诱惑，它们也会照吃不误。

同样，习惯于整日进食的食草动物，如斑马、羊驼、各种鹿的饲养区域也同样是被投喂的重灾区。这些反刍类的食草动物具备发达的消化道，这有利于消化纤维。因此，这些动物取食很慢，消化也很慢。动物园一般会为这些动物提供高质量的干草作为主要饲料。而我们在周末经常可以看到有游客携带一大口袋水果、胡萝卜和生菜、谷物等食物来投喂这些食草动物。对于这些食物，食草动物会进食过快过多，消化不良，过多的蛋白质还会导致消化道胀气。

动物园里，鹦鹉是最经常被投喂的鸟类。北京动物园鹦鹉馆东侧的大紫胸鹦鹉、粉红凤头鹦鹉、小凤头鹦鹉总是待在铁丝网边等待游客投喂。游客给这些动物投喂的食物大多是饼干和葵花子，这些食物中都包含较高的脂肪，让本来在笼舍中就缺乏足够运动的动物又摄入过多的能量导致肥胖。同时，像葵花子这样的种子或者其他坚果类含磷高，而钙含量低，其过多的能量使得鸟粮中摄入钙不足，久而久之会导致缺钙。

因此，游客所投喂的食物，一方面可能不适合这些动物食用，甚至一些会对动物有毒，如食蚁兽就对维生素A的毒性比较敏感，会干扰维生素K的代谢。

另一方面，即使是该动物可以食用的食物，也会让这些动物摄入过多的能量，或暴饮暴食，造成各种肠胃疾病，营养失衡乃至死亡。很多动物园都反映，由于过多游客的投喂，在节假日过后的一天，动物都会出现不同程度的厌食。

最可怕的是，在投喂中的一些包装、杂物，如塑料瓶、塑料袋、塑料绳、包装纸等被动物误食后往往都会让动物生病或导致死亡。

此外，一些游客在投喂动物的时候，也有可能把自身的传染病传染给动物，造成动物的死亡。

我和它的动物园

如何在动物园里拍好动物 >

看多了百怪的野生动物，你是否想过在动物世界一展身手呢？也许你会说我们周围很少看到野生动物啊！其实，你身边总是有很多美妙的机会。不过它们稍纵即逝。不如从动物园开始吧！最大限度地利用身边的资源，这才是摄影家的本色嘛！那么，怎样从一开始就成为动物拍摄专家呢？

- **拍摄行走的动物**

拍摄的时候，比如，要拍摄一条追飞盘的狗，就要将取景器或显示屏中的一点始终对准狗鼻子，然后移动DV。要拍摄移动的龙虾，同样要对着的它头部。按快门的时候，要边移动DV边拍摄，而且按拍摄按钮之后，仍然要以相同的速度继续移动DV。

跟镜头常用于拍摄动态物体的运动。跟镜头能够连续而详尽地表现运动中的被摄主体，它既能突出主体，又能交待主体的运动方向、速度、体态及其与环境的关系。它用画框始终"套"住运动中的被摄对象，将被摄对象相对稳定在画面的某个位置上，使观众与被摄对象之间的视点相对稳定，形成一种对动态人物或物体的静态表现方式，使动体的运动连贯而清晰，有利于展示人物在动态中的神态变化和性格特点。比如在拍摄动物里散放的老虎，通常会用跟摄方法，将镜头套住一只老虎，跟着它拍摄。

- 拍摄水族馆里的海豚

对于海豚，在一般水族馆里都有一些表演，这里可不要忘记拿 DV 哦。可以先用"水平移拍"技巧或广角镜头来充分体现整个场地，要表达这个海豚表演的地方究竟有多大；然后在表演开始时，先可以拍摄一下正在表演的海豚，中间也应该切换镜头，拍一段自己家人正在兴致勃勃地观看的表情，这样将观众和表演穿插起来，就更能突出临场感；在看完表演的时候，可以一边拍摄一边问自己的家人感想如何，让家人来当一段"节目主持人"，这样就更有情趣了。

- 拍摄玻璃器中的动物

在动物园里，经常会有一些鱼类、爬行类动物，如金鱼、蛇等放在玻璃橱窗中供人参观，如果要拍摄它们的形象，就要注意一些细节了，否则，您可能无功而返。通常来说通常为了避免玻璃的反射，有经验的摄像师都会加装使用附加在DV镜头前的偏振镜的，确实这样能起到一些作用，但是如果是出门没有带起这些装备或者是根本就没有买偏振镜呢？为了能很完美地对玻璃内珍藏的动物进行成功的拍摄，大家需要熟悉角度和反射的关系，大家只要事先在家里对着玻璃多练习一下也能很快地掌握这项要领的。

图书在版编目（CIP）数据

我和它的动物园/于川编著． —北京：现代出版社，2013.2（2024.12重印）

ISBN 978-7-5143-1417-5

Ⅰ．①我… Ⅱ．①于… Ⅲ．①动物园—青年读物②动物园-少年读物 Ⅳ．①Q95-339

中国版本图书馆CIP数据核字(2013)第025435号

我和它的动物园

编　　著	于　川
责任编辑	李　鹏
出版发行	现代出版社
地　　址	北京市朝阳区安外安华里 504 号
邮政编码	100011
电　　话	(010) 64267325
传　　真	(010) 64245264
电子邮箱	xiandai@cnpitc.com.cn
网　　址	www.modernpress.com.cn
印　　刷	唐山富达印务有限公司
开　　本	710×1000　1/16
印　　张	8
版　　次	2013年3月第1版　2024年12月第4次印刷
书　　号	ISBN 978-7-5143-1417-5
定　　价	57.00元